白簕生物生态学及栽培技术研究

主　编　肖　娟
副主编　黎云祥

科学出版社
北　京

内容简介

本书是对药用植物白簕进行生物学和生态学特性、化学成分及栽培技术研究结果的总结。在前人研究的基础上，编者结合十余年从事白簕生物生态研究及栽培育种的经验，对白簕的起源、发展、分类、生理、生态、化学、药理、栽培、加工、产品开发等进行了系统的整理，较全面而系统地总结了白簕的历史记载、产地分布、生物学及生态学特性、化学成分及提取技术、栽培育种技术等方面的研究成果和知识，最后辅以白簕植物资源开发利用技术。

本书可供农林和中医药高等院校学者阅读参考，亦可供中药材生产经营和资源开发利用的专业技术人员阅读参考。

图书在版编目(CIP)数据

白簕生物生态学及栽培技术研究 / 肖娟主编. — 北京：科学出版社, 2019.8
ISBN 978-7-03-060132-2

Ⅰ. ①白… Ⅱ. ①肖… Ⅲ. ①五加科-植物生态学-研究 ②五加科-栽培技术-研究 Ⅳ. ①S567.9；S687.9

中国版本图书馆 CIP 数据核字 (2018) 第 289346 号

责任编辑：张　展　孟　锐/ 责任校对：王　翔
责任印制：罗　科 / 封面设计：墨创文化

科学出版社出版
北京东黄城根北街16号
邮政编码：100717
http://www.sciencep.com

成都锦瑞印刷有限责任公司印刷
科学出版社发行　各地新华书店经销

*

2019年8月第　一　版　开本：B5（720×1000）
2019年8月第一次印刷　印张：10.5
字数：220 000

定价：90.00 元
（如有印装质量问题，我社负责调换）

编写委员会

主　编：肖　娟

副主编：黎云祥

编　委：蔡凌云　权秋梅　范曾丽

陈兰英　肖　肖　王小平

胡　艳　袁远爽　肖　杭

王　萧　高　侠

前　言

当前，中医药发展站在更高的历史起点上，迎来天时、地利、人和的大好时机。国务院印发实施《中医药发展战略规划纲要(2016—2030年)》，将中医药发展摆在了经济社会发展全局的重要位置。随着化学药品不良反应的不断出现，医源性、药源性疾病日益增加，人们开始把眼光转向更为自然的传统医药领域，期望从中寻找出路，一个回归大自然、崇尚天然药物的潮流正在全球形成。由于中药迎合了这种回归自然的潮流，加之中药疗效稳定、相对安全及对一些疑难疾病具有疗效显著的特点，故而中药不仅在我国卫生保健中发挥着其独特的优势和不可取代的作用，也得到世界各国的青睐并被接受，其国际市场前景诱人。

同时，我国深化医药卫生体制改革，加快推进健康中国建设，迫切需要在构建中国特色基本医疗制度进程中发挥中医药特色作用，积极推进中药材生产规范化、产业化和集约化进程，建立中药材生产质量管理标准体系，推广中药材的规范化种植；应用先进的栽培技术和生物技术，提高中药材质量和产量；加强野生药材资源保护，开展家种、家养药材和代用品代替野生药材方面的研究。我国已鉴定的可供药用的植物有上万种，其中常用的有400多种，但由于过度开发使野生资源消耗过快，一些宝贵的中药材资源濒临枯竭，对珍贵种质资源的保护及优质中药材的引种和栽培还缺乏统一的组织与协调；因此，开发珍稀濒危药材代用品的研究显得尤为重要，开发并利用《中国药典》外的药用植物对其进行栽培是保证中药质量的第一关，也是实现中药现代化的第一步。五加属植物分布广泛，大多具有药用价值，如滋补、抗风湿、抗应激、抗疲劳、抗肿瘤等作用，也是目前公认的一类很有前途的补益强壮药。许多种类在医药上有重要经济意义，如人参、三七、五加、通脱木、楤木、食用土当归等是著名的药材；鹅掌柴、鹅掌藤、白簕、红毛五加、刺五加、无梗五加、刺参、多蕊木、五叶参、常春藤等是民间常用的中草药。白簕作为药材和蔬菜有着悠久的历史，《中国药典》的五加皮正品为细柱五加，而白簕的药用价值同细柱五加，在梁代前，和细柱五加根皮同作五加皮用。白簕既是民间常用草药，也是人们日常生活中喜爱的野生蔬菜和营养保健品，具有较高的药用价值和营养价值，市场需求量大，开发应用前景十分广阔。为促进药用植物白簕的绿色发展，本书从白簕的本草研究、生物生态学、栽培学及产品开发利用方面出发，对白簕这一药用植物进行了全面细致的描述，提出了白簕化学成分提取创新工艺及引种栽培技术。

本书由西华师范大学教师肖娟主编。在编写过程中，作者参阅和引用了国内外诸多学者的研究成果，在此向他们表示真诚的感谢和敬意。对于本书中所存在的不足之处，敬请各位专家和广大读者予以批评指正。

肖　娟

2018 年 6 月

目　　录

第1章 白 簕 概 述

1.1 白簕起源和本草学研究

白簕[*Eleutherococcus trifoliatus*(L.) S.Y. Hu]属五加科(Araliaceae)五加属(*Eleutherococcus* Miq.)，在我国别名甚多，如三叶五加、鹅掌簕、鸡脚菜、白簕根、白刺根、刺三加、刺三甲、三加皮、三甲皮、苦刺根、簕钩菜等[1,2]，白簕特有的山野风味使其在饭桌上倍受人们的青睐。同时，白簕全株均可入药，具有较高的药用价值，是我国重要的名贵中药材之一。

人们把白簕作为药材和蔬菜有着悠久的历史。自古以来中国药用五加皮，品种较为混乱，对于五加皮的品种分类，历代医家说法不一。关于五加皮的植物来源，从历代本草记载的五加形态、物候等描述和经前人考证结果，五加属植物一直为中药五加皮的来源，主要包括细柱五加和白簕[3-5]。五加皮始载于现存最早的药物学专著——东汉时期的《神农本草经》，被列为“补气作用的上品”，其云：“五加皮，味辛，温，无毒。主心腹疝气，腹痛，益气，疗躄，小儿不能行，疽疮，阴蚀，名豺漆”[6]。《神农本草经》只是简要地记载了五加皮的功用，对其产地和来源并未有过多的描述。南北朝时期的《雷公炮炙论》和苏敬、李勣的《新修本草》(公元659年)采用了《神农本草经》对五加皮功效的描述，且记载了五加皮是多来源的药材，不同的五加皮属植物有“五叶”“三叶”之说。有研究者认为这里的雄雌并非现代生物学上的雌雄性别特征，而是两种不同的五加属植物，除了叶子数量和形态上的不同外，其他地方相似，因此有“雌雄”的别称，而“三叶”者正是五加属中的白簕[7]。宋朝唐慎微的《证类本草》(公元1082年)云：“明目，下气，治中风……叶治皮肤风，可作蔬食。”这是本草第一次记载五加叶的药食两用的价值。同时期苏颂的《本草图经》(公元1061年)对五加皮的记载较为细致，且对其出处有了详细的记载：“五加皮，生汉中及冤句，今江淮、湖南州郡皆有之。春生苗，茎、叶俱青，作丛。赤茎又似藤蔓，高三、五尺，上有黑刺。叶生五叉作簇者良，四叶、三叶者最多，为次。每一叶下生一刺。三四月开白花，结细青子，至六月渐黑色。根若荆根，皮黄黑，肉白，骨坚硬。五月、七月采茎，十月采根，阴干用。蕲州人呼为木骨。一说今所用乃有数种。京师、北地者，大片类秦皮、黄柏辈，平直如板而色白，绝无气味，疗风痛颇效，余不入用。吴中乃剥野椿根为五加皮，柔韧而无味，殊为乖失。今江淮间所生乃为真者，类地骨，清脆芬香是也。其苗茎有刺，类蔷薇，长者至丈余。叶五出，如桃花，香气如橄榄。春时结实，如豆粒而扁，春青，得霜乃紫黑；吴中亦多，俗名为追风使，亦曰刺通。剥取酒渍以疗风，乃不知其为五加皮也。江淮、吴中往往以为藩篱，正似蔷薇、金樱辈。”其中，经考究，“四叶、三叶者取多，为次。每一叶下生一刺”记录的正是为白簕[5]。明朝李时珍的《本草纲目》(公元1578年)记载：簕菜有解百毒之称，味道甘醇，芳香浓郁，长久回白。具有清热排毒，消暑解渴，解烟酒，减肥，抗疲劳功效。四邑恩平一带的簕菜风味独特，甘凉爽口，带有清香微苦，可谓恩平野生蔬菜一绝。以簕菜滚鲫鱼汤，尤为鲜美可口，还带有淡淡的薄荷清香味，为消暑气的食养汤品。清代吴其濬的植物学专著《植物名实图考》(公元1848年)具有较高的科学水平，该书对五加皮进行了考证，收录了五加属的两种植物三加皮和五加皮，其中三加皮应为白簕。

国外，对五加皮的研究最早见于韩国，在韩国对五加皮最早认识始于古代韩国三国时期(相当于中国的南北朝时期)；韩国的古代文献对其产地、形态均有论述[8,9]。《乡药集成方》[10]曰：“五加皮……一名豺漆，一名豺节。五叶者良。五月、七月茎，十月根，阴干。”《东医宝鉴》[11]曰：“五加皮……生山野，树生小丛，茎间有刺，五叶生枝端，如桃花，有香气。三、四月开白花，结细青子，至六月渐黑色，根若荆，根皮黄黑，肉白，骨更，五月、七月采茎，十月采根，阴干。”上述国外本草描述与我国本草文献《图经本草》中记载的内容一致，而韩国古代文献也没有明确指出多种五加皮的产地、形态、用药方面的区别，因此在韩国古代，五加皮植物通常混在一起使用[9]。

古代本草记载的五加皮均是以叶的形态特征命名的，现今五加属植物经过分布、形态、成分鉴定，到目前为止，在中国被称为五加皮植物的共有26种18变种，韩国有10种4变种。现被收入《中华人民共和国药典》(简称《中国药典》)的五加皮正品为细柱五加[*Eleutherococcus nodiflorus*(D.) S.Y. Hu]的干燥根皮，而《韩国药典》以无梗五加[*Eleutherococcus sessiliflorus*(Rupr & Maxim) S.Y. Hu]为正品[12]。有文献记载，白簕的药用价值同细柱五加，在梁代前和细柱五加根皮同作五加皮用。虽然五加科五加属植物是重要的药用植物，但白簕的研究发展相对较慢，研究进展远落后于同科同属的其他物种，如细柱五加、刺五加等。1906年，白簕的正式拉丁名为*Acanthopanax trifoliatus*(L.) Merr.；1972年的《中国高等植物图鉴》和1987年的《中国植物志》将白簕收入其中，并详细介绍了白簕的形态、分布并附植物图版。随着人们对白簕食、药两用价值的进一步认识和广泛关注，白簕的植物分类学、生理生态学、化学成分、药用成分等系统研究在近几十年才慢慢开展。

1.2　白簕地理分布

1.2.1　国内白簕分布

白簕在国内主要分布于长江中下游地区及长江以南，广布于我国中部和南部地区，西至云南西部国境线，东至台湾，北起秦岭南坡，但在长江中下游北界大致为北纬 31°，南至海南、台湾等地区均有分布，主要分布于西藏、四川、贵州、广西、广东、湖南、湖北、浙江、江西、福建、台湾等地。根据中国植物物种信息数据库的植物标本馆数据，白簕在四川主要分布于中、东部地区，包括南充市、都江堰市、阆中市等地级市[3,13]。

1.2.2　世界范围内其他国家和地区白簕的分布

白簕在世界其他国家和地区主要分布于孟加拉国、印度、缅甸，在日本、越南、泰国、菲律宾也有分布[13]。

1.3　白簕开发利用价值

1.3.1　药用价值

白簕作为药材，其根、叶或全株入药，性苦、涩、凉，有清热解毒、祛风除湿、散瘀止痛之功效[3]。常用部位是根，有祛风除湿、舒筋活血、消肿解毒之功效，治感冒、咳嗽、风湿、坐骨神经痛等症[13,14]。据文献《广东药用植物简编》(吴修仁，1984)记载，白簕其根、茎、叶均可入药，辛、微苦、涩、凉，气微香。根，祛风除湿、散瘀止痛；叶，疏风、消肿、止痒，有舒筋活血、消肿解毒之功效，治肋间神经痛、风湿性关节肿痛、腰腿疼痛、跌打损伤、胃痛、胆囊炎、咯血、肠炎腹泻、感冒、疮疡痈肿、疥疮、青竹蛇咬伤、异物入肉等。《吉林草药》：“解热，镇咳。”《滇南本草》：“治腰膝酸疼，疝气，筋骨拘挛。”《本草便方》：“除风湿，治筋骨拘挛，腰膝劳伤。散跌损瘀血。”民间经验也认为，其可祛风除湿，清热解毒，散瘀止痛，舒筋活血；可用于治疗风湿痹痛、湿热痢疾和黄疸；也可外用治疮痈肿毒，跌打损伤，皮肤湿疹；还可以用来治头目眩晕、骨折、感冒高热[15]。在国外，对白簕及五加属植物的研究多是对其三萜皂苷的研究，白簕叶的化学成分主要是羽扇豆烷型三萜化合物[16-18]。纳智[19]对白簕叶中挥发油进行研究时发现，挥发油成分复杂，已鉴定出的 81 种化合物的含量占挥发油总量的 96.50%，主要包括大量的萜烯与萜醇类化合物及少量的长脂肪族和芳香族化合物。蔡凌云等[20,21]和高侠等[22]对白簕根、茎、叶中黄酮、多糖和皂苷工艺进行了研究，发现白簕根、茎、叶中均含有糖类、皂苷、黄酮、强心苷、香豆素等物质，但不含生物碱。以上研究表明白簕具有极高的药用价值。

1.3.2 保健和食用价值

梁明标等[15]对新鲜白簕嫩芽、嫩叶的营养品质进行分析，得到每 100g 鲜品水分含量为 80.89g、叶绿素含量为 107mg、粗蛋白含量为 4.86g、可溶性糖含量为 1.6g、维生素 C 含量为 24.9mg、Fe 含量为 7.27mg、Zn 含量为 24.8mg、氨基酸含量为 1.75g。对干品进行检测，得到每 100g 干品中维生素 B_1 含量为 0.368mg、维生素 B_2 含量为 0.406mg、维生素 C 含量为 26mg、Fe 含量为 21.7mg、氨基酸含量为 9.12g。与其他新鲜蔬菜相比，白簕嫩芽的维生素 C 含量是番茄的 2～3 倍，Fe 含量为番茄的 8 倍。白簕所含的氨基酸中，以谷氨酸和精氨酸含量较多，谷氨酸具有健脑和增强脑细胞呼吸作用的功能。此外，白簕中还含有硒、锌等元素[16]。从现代医学营养角度看，白簕含有较高含量的维生素 C，可提高免疫力，还有利于提高血管弹性。白簕还含有硒元素，而硒具有一定的抗癌作用。白簕含有较多的氨基酸，一般来说，苦味食品具有解毒功能，而作为苦味食品的白簕，其清热解毒功能明显，而且效果快。另外，白簕的叶绿素含量高，可增强心脏功能，具有平衡血糖及清肝的作用，同时具有一定的抑菌作用，可对消炎药物起一定的辅助作用。现在，为了方便人们食用，广东省积极创新，将白簕嫩芽或嫩叶制作成茶叶，以平时人们熟悉又方便的休闲方式，发挥其功效。白簕是一种营养保健价值较高的蔬菜，具有多种食疗功能。

白簕与其他蔬菜相比，有着独特的苦味，入口苦，回甘凉，香气如橄榄[23]。资料对其也有记载，《生草药性备要》称其：“味苦辛，性微寒。”《草木便方》称其：“甘辛，微寒。”由于簕菜的独特苦味，人们容易将其归入药材类，将其作为药疗用，其实只要稍加调料烹调，簕菜也是桌上佳肴[24]。煮汤，是广东人食用白簕嫩芽的常用做法，加入调味品(一般加点豆豉)可去涩味，汤清香。广东人会加入鲫鱼与簕菜一起煮，这样汤就苦中带点甘甜，成为当地人喜欢的一道菜。此外，也有将簕菜凉拌、炒食的。

1.3.3 经济价值

1999 年，广东恩平对白簕进行人工栽培并获得成功，把白簕嫩叶和新芽制成茶叶，进而推动了白簕产业链的发展，受到当地政府的高度重视，并成立了恩平市簕菜合作社，进一步促进了白簕产业的发展[25]。在广东恩平，人们直接摘取嫩叶和新芽泡开水当茶水饮用，或制作成茶叶；在西南农村地区，人们直接用白簕的根皮、茎皮浸泡在白酒中，自制有名的保健酒“三加皮酒”。在工业方面，刘岱纯等[26]利用白簕制备透明香皂；黄俊生等[27]利用白簕、野菊花和车前草中的黄酮成分研制出具有消炎、杀菌、镇痛等作用的喷雾剂；黄晓慧等[28]制作出白簕含氟牙膏；湖北对白簕养生茶也大力进行推广，产品深得国内外茶客的欢迎。

1.4　白簕研究概况

1.4.1　文献综述

国内外对白簕研究最早见于 20 世纪六七十年代，大多集中在部分化学成分方面，未形成系统性研究，对其药理也没有进行广泛深入的研究，关于白簕的植物分类、生理生态、繁殖栽培等方面研究甚少。而之前，国外学者主要研究了白簕叶中的三萜皂苷的结构，国内学者对其作为野生食用蔬菜方面进行了研究，白簕其他药用化学成分的研究近 20 年来偶见对白簕叶中挥发油的研究[19]，白簕其他方面的研究仍属薄弱环节。

1. 化学成分研究

白簕主要化学成分包括酚类化合物、挥发油成分、萜类化合物、木质素类成分、多糖类成分及其他物质等。

1) 酚类化合物

Sithisarn 等[29]利用高效液相法从白簕叶中分离得到黄酮和咖啡奎宁酸等酚类物质，且含量较多。此外，Zhang[30]通过测定 24 种不同产地的五加属植物的黄酮及咖啡奎宁酸等酚类物质含量，表明不同地方所产的白簕叶中均含有咖啡奎宁酸。Kiem 等[31]从白簕茎皮中首次分离出苯丙素糖苷类成分：1-*D*-glucopyranosyl-2,6-dimethoxy-4-propenylph-enol 和 1-[*β*-*D*-glucopyranosyl-(1→6)-*β*-*D*-glucopyranosyl]-2,6-dimethoxy-4-propenyl benxene(2)。蔡凌云等[32]对白簕各个部位的黄酮成分进行了分离并分别测定了其含量，并对其总黄酮提取工艺进行了优化，结果显示最优工艺可得黄酮含量达 3.004%。综上研究表明，白簕的根、茎、叶中均含有酚类化学成分，其中黄酮和酚酸类含量相当丰富，可将其进一步开发利用。

2) 挥发油成分

白簕中还含有丰富的挥发油成分，其中以萜类及其含氧衍生物为主。李芝等[33]对五加属植物的化学成分进行研究表明，白簕的挥发性成分已分离鉴定出 10 种单体化合物，有豆甾醇、胡萝卜苷 2 种甾体类化合物，以及蜜蜡酸、虫漆蜡酸、正十六烷酸、正三十四烷酸等脂肪酸类化合物。纳智[19]从白簕叶中得到白簕叶挥发油中主要含单萜类化合物 *α*-蒎烯(*α*-pinene，占挥发油相对百分含量的 21.54%)、*β*-水芹烯(β-phellandrene，9.03%)、D-柠檬烯(D-limonene，7.63%)和 β-蒎烯(β-pinene，5.77%)。刘基柱等[34]发现白簕叶中主要含反-丁香烯、α-蒎烯、α-葎草萜烯、环己烯、α-古巴烯，含量都在 4%以上，这些挥发油成分具有发汗、理气、止痛、抑菌、矫味等作用。

3) 萜类化合物

国外对于萜类化合物的研究较多，国内的研究相对较少。TyPh 等[16,35]和 Lischewski 等[17]最先从白簕根、茎中发现多种萜类化合物。随后，Park 等[36]、Park[37]、Liu[38]、Yook 等[39]、Miyakoshi 等[40]从白簕叶分离得到羽扇豆烷(lupana)型、3,4-*seco*-羽扇豆烷型等三萜类化学成分，如 acantrifoside A(Ⅰ)、acankoreoside A(Ⅱ)、acankoreoside B(Ⅲ)、acankoreoside C(Ⅳ)、acankoreoside D(Ⅴ)、chiisanoside [1-deoxychiisanoside(Ⅵ)、divaroside(Ⅶ)、22α-hydroxychiisanoside(Ⅷ)] 和 isochiisanoside[11-deoxyisochiisanoside，Ⅸ)、isoch-iisanoside methylester(Ⅹ)]。Miyakoshi 等[40]从白簕叶中提取到齐墩果烷型，此外还从白簕中分离得到 friedlin、taraxerol、innermoside 等三萜成分。杜江和高林[41]从白簕叶中分离得到贝壳杉烯酸、蒲公英萜醇和乙酸酯等萜类物质。

4) 木质素类成分

Miyakoshi 等[42]在白簕根中发现五加苷 A～D、K_1、K_2，liriodendrin，ariensin，senticoside A～F，pinoresinol glycoside，medioresinol glycoside 等。

5) 多糖类成分及其他物质

白簕中含有碱溶性多糖、水溶性多糖、1-3α-D-葡萄吡喃糖[43-45]。此外，白簕中还含有其他类化合物，如植物甾醇(包括 β-谷甾醇、豆甾醇、菜油甾醇等)、脂肪酸、硬脂酸、棕榈酸、绿原酸、花生酸、香豆酸、维生素 B_1、维生素 C 和维生素 E、胡萝卜素等[46]。微量元素包括：K、Na、My、Si、Fe、B、Sr、Mn、Cu、Ni、Mo、Cr、Bi、Ti 等，还含有多种氨基酸[47]。

2. 药理研究

1) 抗炎作用

近年来对白簕叶抗炎活性体外研究表明，白簕叶提取物具有良好的抗炎效果。杨慧文等[48]对白簕叶黄酮提取物活性的分析结果表明，白簕黄酮提取物 10mg/(kg·d)、20mg/(kg·d)、40mg/(kg·d)均能有效抑制角叉菜胶致大鼠足趾肿胀程度，这说明白簕叶中的黄酮具有抗炎效果。Abdul 等[49]研究表明，白簕叶片甲醇提取馏分能够有效地抑制角叉菜胶致大鼠足趾肿胀，抑制作用达 77.24%，显示出明显的抗炎活性，且其提取物含量高达 500mg/kg。白簕的水煎醇沉针剂，能抑制角叉菜胶所致大鼠足肿胀，连续给药 7d 能抑制棉球肉芽肿；对大鼠急慢性炎症均有明显抑制作用[49]。因此，白簕提取物可作为辅助药物对某些炎症提供预防治疗。

2）抗氧化作用

经前人研究表明，白簕叶中的提取物具有良好的抗氧化活性。肖杭等[50]对经HPD-600 大孔树脂纯化后的总黄酮进行抗氧化性试验，以维生素 C 作对照，分别采用两种方法对白簕叶总黄酮纯化液进行抗氧化性试验，结果表明，白簕叶总黄酮纯化液具有很好的抗氧化性，抗氧化性强于维生素 C。杨慧文等[48]利用不同溶剂对白簕叶各极性部位进行提取和薄层色谱分析，考察乙酸乙酯、正丁醇和水 3 个不同极性部位提取液的体外抗氧化活性，通过测定铁还原力、对 DPPH 自由基的清除率、总抗氧化力，筛选出主要的抗氧化活性部位。结果表明，白簕叶 3 个不同极性部位所含的抗氧化活性成分种类和含量差别较大，其中正丁醇部位抗氧化活性最高。

3）抗菌作用

杜江和高林[41]在白簕叶中提取的石吊兰素（A）经药理试验，表明其具有祛痰、止咳的作用。黄酮在多种疾病的治疗中显示出其独特的疗效，包括抗氧化、清除自由基、抗病毒、抗发炎、血管舒张和抗菌等作用。一些黄酮类化合物还可以作甜味剂，在食品行业中可作为食品添加剂或直接应用于食品中，增加其保健作用。白簕叶中含有黄酮、皂苷、香豆素、多糖、强心苷等药用成分，Park 等[36,51]通过薄层层析分析发现白簕叶总黄酮中含芦丁、金丝桃苷、槲皮素、槲皮苷等黄酮醇单体，总黄酮含量较高。蔡凌云等[21]和张晶等[45]在白簕根、茎、叶中提取出多种多糖，研究表明五加多糖具有提高机体免疫力、清除机体自由基、抗肿瘤、抗炎、降血糖等功效，并具有显著抗衰老作用。

4）其他药理作用

白簕提取物还具有改善认知缺陷药理活性。Sithisarn 等[52]通过对小鼠进行 Y 迷宫测试、新物体识别测试（ORT）、悬尾试验等一系列研究，表明白簕水提取物对小鼠抑郁和认知缺陷模型（OBX）具有改善作用。二萜类和三萜类化合物均可抑制前列腺癌细胞的生长并促进其凋亡，对前列腺癌异种移植肿瘤的发展具有预防效果[53]。

3. 毒理学研究

白簕作为药食同源的野生蔬菜，其是否具有潜在的毒性是首要问题。为探究其急性毒性与遗传性毒性作用，林春华等[54]采用急性经口毒性、30d 喂养、遗传毒性等试验研究白簕的食用安全性。结果表明，白簕半致死量 LD_{50}＞40g/kg；30d 喂养试验中，白簕对大鼠的生长影响不明显，对血液生化指标影响也不明显；病理检测表明，13.34g/（kg·d）、6.67g/（kg·d）、3.34g/（kg·d）等 3 种剂量不会导致大鼠脾、肝、肾等器官的损害；在试验最大剂量范围内，骨髓微核试验和小鼠睾丸染色体畸变试验结果均为阴性。毒理学试验表明，白簕不具有毒性，可作为食用材料[55]。肖杭等[50]通过对白簕叶提取物的药理研究表明，白簕根、茎、叶中均含有糖类、皂苷、黄酮、强心苷、香豆素等化学成分；但不含有生物碱。上述试验证实了白簕不具有潜在的毒性，具有药食同源的开发利用价值。

4. 生理生态方面研究

胡艳等[56]对白簕生长和生理特征的研究表明，适当的遮光(最佳光强为 20%的透光率)有利于促进白簕两年生种苗的生长。袁远爽等[57]通过模拟酸雨的环境表明白簕对酸雨胁迫具有较强的耐受力；此外，pH 为 4.0 的酸雨处理有利于白簕幼苗的生长，因为白簕幼苗喜微酸的环境。王箫等[58]通过不同培养条件、激素和外植体对白簕愈伤组织诱导的影响研究表明，采用固体培养对防止愈伤组织的褐化效果最佳，在培养基中分别添加 1g/L 的活性炭和 1g/L PVP 也可以有效地防止褐化。肖娟等[59~60]和肖肖等[61]对白簕的繁殖生态研究表明，白簕的分株繁殖在冬季进行最佳，成活率高；休眠期和生长期枝条选取下段枝条压条效果比较好，扦插繁殖时选择茎作为材料可以确保繁殖出独立无性系植株。林伟君等[25]利用白簕的茎尖或带腋芽茎段进行组织培养技术研究，解决了白簕的快速繁殖问题。

1.4.2 开发利用现状

随着白簕受到广泛关注，研究者将更多的目光转向白簕的利用价值上，如白簕的食用价值和药用价值，因此也催生出白簕产品开发的产业链。国内，白簕的开发应用正在广泛开展，并进一步扩展。在食用方面，岑路荣[62]研究出簕菜茶的制作方法，李雪壮[63]发明制作出陈皮簕菜茶，陆建益[64]采用白簕制作可调血糖和血脂的保健保鲜面包。在药用及其他用途方面，黄俊生等[27]研制出白簕消炎喷雾剂，黄萍等[65]利用白簕作为其中添加剂发明治疗湿热壅滞型肾病综合征的中药组合物，刘岱纯等[26]进行了白簕透明香皂的制备工艺研究，黄晓慧等[28]制作出白簕含氟牙膏，张焜等[66]添加白簕制作化妆品组合物。白簕的各个部位均有用途，其综合利用情况如图 1.1 所示。

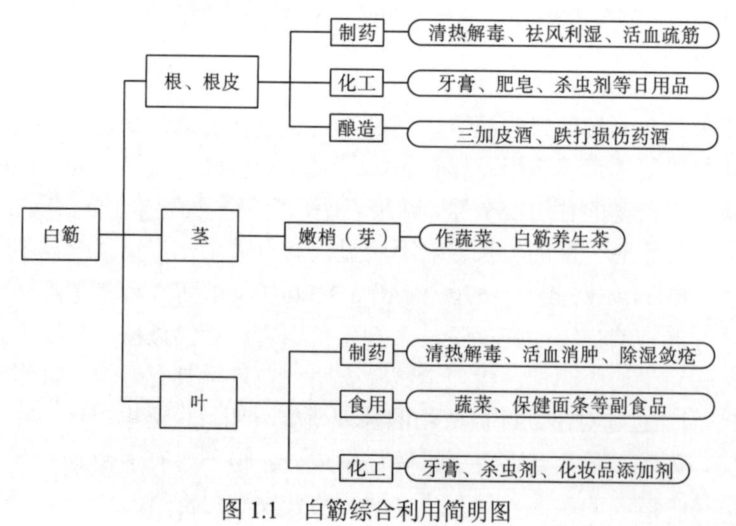

图 1.1 白簕综合利用简明图

第 2 章　白簕生物生态学特征

2.1　白簕植物学分类地位

2.1.1　五加属植物基本概况

五加科五加属植物大部分都具有明显的药用价值，如滋补、抗风湿、抗应激、抗肿瘤等作用，同时也是目前公认的一种很有前途的补益强壮药。临床上主要用于治疗腰膝酸软、风湿痹痛等症，近期研究表明，五加属植物分离得到的 chiisanoside 具有抗肝毒素及治疗糖尿病的作用，还有能诱导淋巴细胞增殖的功效[67]。全世界已发现的五加属植物有 37 种，主要分布于亚洲的中国、日本和韩国，在其他国家如越南、泰国、菲律宾、印度、不丹、蒙古国、尼泊尔等也有分布。

1. 我国五加属资源的种类及分布

我国五加属植物资源相对比较丰富，有 26 种 18 变种，大部分作为民间常用的中药、民族药制剂的原料，如刺五加(*Eleutherococcus senticosus*)在东北地区、白簕在南方地区作为食用蔬菜已有上千年的历史。五加属资源的分布几乎遍及全国，长江流域分布最多，各省所产的种类有所不同(表 2.1)。

表 2.1　我国五加属植物资源种类分布与生物学特性[13,67-70]

类别分组	中文名	拉丁名	变种	分布地	生物学特性
五加组(10 种)	乌蔹莓五加	*E. cissifolius*	①～var. *ormalis* ②～var. *scandens*	东北地区、西藏、云南	生于山坡林中及路旁灌丛中，高 1～6m，茎密生细长倒刺，掌状复叶互生，小叶 5，伞形花序顶生，花期 6～7 月，果期 7～9 月
	离柱五加	*E. eleutheristylus*	单叶离柱五加～var. *simplex*	陕西东南部	生于山坡灌丛、林下，本种与乌蔹莓五加近似，但本种植物体无刺无毛，叶片网脉下陷，果序无毛，可以区别
	太白山五加	*E. stenophyllus*	①狭叶太白山五加～f. *angustissimus* ②阔叶太白山五加～f. *dilatatus*	中国特有种，产于陕西太白山	生于灌木丛林，高 2～3m；小枝无毛或几无毛，无刺，叶披针形至长圆状披针形，伞形花序单个顶生，果实球形。果期 8～9 月，目前尚未人工引种栽培

续表

类别分组	中文名	拉丁名	变种	分布地	生物学特性
五加组（10种）	红毛五加	*E. giraldii*	①毛叶红毛五加～var. *pilosulus* ②毛梗红毛五加～var. *hipidus*	青海、甘肃、宁夏、四川、陕西和河南	生于山坡灌木丛林。高1～3m，枝灰色，无毛或稍有毛，密生直刺，伞形花序单个顶生，果实卵形。果期8～10月，目前尚未人工引种栽培
	细刺五加	*E. setulosus*	无	主要分布于四川宝兴、巫溪	生于路边、山坡林缘。高3～5m，叶有5小叶，伞形花序单生短枝上，花期7月，果期9月
	狭叶五加	*E. wilsonii*	无	西藏、云南和四川	生于海拔2700～3500m的林中及林缘，高2～3m，无毛或在小枝上疏被微柔毛，伞形花序单个顶生，有花多数，果近球形；花期6月，果期9～10月
	匙叶五加	*E. rehderianus*	长梗匙叶五加～var. *longipedunculatus*	湖北、四川	生于灌木丛林及山坡路边。高约3m，叶有小叶5，伞形花序单个顶生，果实球形，有浅棱，花期6～7月，果期8～10月
	异株五加	*E. sieboldianus*	无	安徽	生于杂木林中。高约2m，枝细弱，拱形下垂，无毛，叶有小叶5，长枝上互生，短枝上簇生；伞形花序在短枝上单个顶生，果实近球形，黑色
	轮伞五加	*E. verticillatus*	无	西藏东南部	生于海拔2900～3200m森林中，小枝紫色，有短刺，叶有小叶3～5；圆锥花序顶生，果实球形，花期6～7月，果期7～8月，目前尚未人工引种栽培
	云南五加	*E. yui*	无	主要分布于四川茂汶、云南西北部德钦	生于海拔3200～3300m的林下，高1～2.5m，枝上密生下向刺；刺直，粗短，基部略膨大。叶有小叶3～5，伞形花序单个顶生，果实卵球形，紫黑色，果期10月
吴茱萸五加组（1种）	吴茱萸五加	*E. evodiaefolius*	①细梗吴茱萸五加～var. *gracilis* ②绣毛吴茱萸五加～var. *ferrugineus*	陕西、安徽、四川、云南、广西、西藏	灌木或乔木，高2～12m，叶有3小叶，在长枝上互生，在短枝上簇生，伞形花序有多数或少数花，果实球形或略长，花期5～7月，果期8～10月
花椒五加组（4种）	细柱五加	*E. gracilistylus*	①短毛细柱五加～var. *pubescens* ②柔毛细柱五加～var. *villoulus* ③糙毛细柱五加～var. *nodiflous* ④大叶细柱五加～var. *major*	四川北部的南充、巴中、万源、达州市达川区、苍溪等地	灌木，有时蔓生状，高2～3m，小叶5，稀为3或4，伞形花序腋生或单生于短枝顶端，核果浆果状，扁球形，直径5～6mm，成熟时黑色，宿存花柱反曲。种子2粒，细小，淡褐色。花期4～7月，果期7～10月

续表

类别分组	中文名	拉丁名	变种	分布地	生物学特性
花椒五加组（4 种）	康定五加	*E. lasiogyne*	无	西藏、云南、四川	生于森林或林缘，高 1～6m，叶有 3 小叶，在长枝上互生，在短枝上簇生，伞形花序，果实扁球形，长 7～9mm，黑色，花期 7～9 月，果期 9～11 月
	匍匐五加	*E. scandens*	无	浙江、江西	匍匐灌木；小枝灰棕色，无刺，叶有小叶 3，稀 2，伞形花序 1～3 个，顶生或近顶生。花期 6～7 月，果期 9～10 月。本种与白簕很相似，但植物体无刺，无小叶柄，容易区别
	白簕	*E. trifoliatus*	刚毛白簕～var. *setosus*	四川、广东、安徽、浙江、广西	攀缘状灌木，高 1～7m，指状复叶有小叶 3，稀 4 或 5，伞形花序 3～10 个或更多组成复伞形花序或总状至圆锥状，稀单一，生于枝顶，果扁球形，成熟时黑色。花期 8～10 月，果期 10～12 月
头序五加组（2 种）	两歧五加	*E. divaricatus*	无	黑龙江、吉林、河南	生于林下或灌丛，灌木，高 1～3m，刺粗壮，叶有 5 小叶，伞形花序单生或几个组成短圆锥花序，果实球形，黑色。花期 8 月，果期 10 月
	无梗五加	*E. sessiliflorus*	小果无梗五加～var. *parviceps*	山西、湖北、吉林	灌木或小乔木，高 2～5m；树皮暗灰色或灰黑色，有纵裂纹和粒状裂纹，叶有 3～5 小叶，头状花序紧密，球形，果实倒卵状椭圆球形，黑色。花期 8～9 月，果期 9～10 月
短轴五加组（1 种）	中华五加	*E. sinensis*	无	我国特有种，主要分布于四川	乔木，叶有 3～5 小叶，伞房状圆锥花序顶生，花未见，果实扁球形，果期 9 月

2. 世界范围内其他国家和地区五加属植物的分布

我国五加属植物分布的种数居世界首位，其次是韩国和日本，韩国和日本也盛产五加皮，在韩国已发现五加属植物 12 种，其中最常见的是无梗五加（*E. sessiliflorus* Seemann），《韩国药典》将其根皮列为五加皮的正品。韩国还培育出新型的五加皮变种 *E. senticosus* forma *inermis* Yook 和 *E. divarcatus* Seem var. *albeofructrs* Yook，并将其用于药用。在日本发现的五加属植物有 9 种，其中最常见的是异株五加（*E. sieboldianus* Makino）。主要五加属植物的具体分布见表 2.2。

表 2.2　世界范围内其他国家和地区主要五加属植物的分布[69]

分布国家	植物名称
韩国	无梗五加(*E. sessiliflorus*)、*E. sessiliflours* forma *chungbuenesis*、刺五加(*E. senticosus*)、异株五加(*E. sieboldianus*)、两歧五加(*E. divaricatus*)、*E. seoulese*、*E. koreanum*、*E. pedunclus*、*E. divaricatus* var. *sachunensis*、*E. sessiliflorus* var. *tristigmatus*、*E. chiisanensis*、*E. korianum*
日本	刺五加(*E. senticosus*)、两歧五加(*E. divaricatus*)、异株五加(*E. sieboldianus*)、*E. sciadophyloides*、*E. hypoleucus*、*E. japonicus*、*E. spinosus*、*E. nikaisnus*、*E. tricodon*
孟加拉国	白簕(*E. trifoliatus*)
不丹	乌蔹莓五加(*E. cissifolius*)、藤五加(*E. leucorrhizus*)
印度	白簕(*E. trifoliatus*)、乌蔹莓五加(*E. cissifolius*)、*E. trifolistus* var. *sepius*、*E. assamensis*
马来群岛	*E. odiopanax malayanus*
缅甸	白簕(*E. trifoliatus*)
尼泊尔	乌蔹莓五加(*E. cissifolius*)
菲律宾	白簕(*E. trifoliatus*)
俄罗斯	无梗五加(*E. sessiliflorus*)、刺五加(*E. senticosus*)
苏门答腊岛	*E. malayanus*
泰国	白簕(*E. trifoliatus*)
越南	白簕(*E. trifoliatus*)

2.1.2　白簕及其变种、变型

1. 白簕

白簕[*Eleutherococcus trifoliatus*(L.) S.Y. Hu]属于五加属植物类别分组中的花椒五加组，有 1 变种、7 变型。白簕为攀缘状灌木，高 1～7m；枝疏生扁平的先端钩状的下向刺。掌状复叶；小叶 3，稀 4 或 5，中央一片最大，椭圆状卵形至椭圆状长椭圆形，稀倒卵形，长 4～10cm，宽 3～6.5cm，先端尖或短渐尖，基部楔形，边缘有细锯齿或疏钝齿，无毛或上面脉上疏生刚毛。伞形花序 3～10 或更多聚生成顶生圆锥花序；花黄绿色；萼边缘有 5 齿；花瓣 5；雄蕊 5；子房下位，2 室；花柱 2，合生至中部，中部以上分离，开展。果扁球形，成熟时黑色，直径约为 5mm。

2. 白簕变种

刚毛白簕[*Eleutherococcus trifoliatus*(L.) Merr. var. *setosus* Li]为白簕的唯一变种，主要分布于云南(宾川)、贵州(贞丰)、广西(百色、龙胜)、湖南(东安)、江西(萍乡)、广东(阳山、翁源、罗浮山)、福建(南靖、永安)和台湾。本变种和白簕原变种[*Eleutherococcus trifoliatus*(L.) Merr. var. *trifoliatus*]的区别

在于叶有 5 小叶，小叶片通常较长，先端长渐尖，上面脉上刚毛较多，边缘的锯齿有长刚毛。本变种小叶片较长，上面刚毛较多。白簕原变种与刚毛白簕叶片对比如图 2.1 所示。

图 2.1 白簕原变种与刚毛白簕叶片对比

3. 白簕变型

以人工栽培白簕的嫩芽、茎颜色，叶和刺作为品种资源形态学分类的主要衡量指标，可分为 7 个变型。经林春华等[71]利用 SRAP 分子标记分析体系的方法对产于广东恩平簕菜种植基地的白簕变型的遗传多样性及亲缘关系进行研究，建立了适合白簕资源的体系。7 种白簕变型具体见表 2.3。

表 2.3 白簕的人工栽培种

编号	品种	生物学性状及产量
1	白梗簕菜 Bai-geng *E. trifoliantus*	嫩芽及成熟叶均呈浅绿色，茎浅绿色，叶中，高产
2	细叶小刺簕菜 Xi-ye-xiao-ci *E. trifoliantus*	嫩芽浅绿色，成熟叶绿色，茎浅绿色，叶小，低产
3	紫柄簕菜 Zi-bing *E. trifoliantus*	嫩芽红绿色，成熟叶绿色，叶柄和茎紫色，叶中，高产
4	大叶大刺簕菜 Da-ye-da-ci *E. trifoliantus*	嫩芽红绿色，成熟叶绿色，茎青色，刺大，叶大，高产，不耐高温
5	红梗簕菜 Hong-geng *E. trifoliantus*	嫩芽红绿色，成熟叶绿色，茎红色，刺中，叶中，高产，生长快
6	青梗簕菜 Qing-geng *E. trifoliantus*	嫩芽及成熟叶均绿色，茎青色，叶中，刺中，高产
7	细叶密刺簕菜 Xi-ye-mi-ci *E. trifoliantus*	嫩芽及成熟叶均绿色，茎青色，叶小，刺密，口感甜，低产

2.2 白簕生物学特征

2.2.1 白簕形态特征

1. 根

白簕根系属于直根系，主根发达、较粗大，垂直向下生长，所调查的主根粗达 2.51cm，多数侧根较细，为 0.1～1.0cm。部分侧根也较发达，延伸横窜，大多分布在 5～30cm 的土层中［图 2.2(a)，图 2.2(b)］。地下茎为根状茎，是无性繁殖的主要构件，由地上茎倒伏在地上后，在适当的环境条件下茎上的部分潜伏芽萌发生长，同时节处生根而成为许多无性系分生小株［图 2.2(c)，图 2.2(d)］，连接两分株之间的多年生根茎中间细，越靠近分株，基部越粗。白簕地下部分主要是根和地下茎，两者有明显的区别，根柔软，韧性好，有侧根出现；而地下茎硬，木质化程度高，表皮厚且光滑，多数中空，少数为实心，表面须根多且长，呈簇根状，同时地上部分萌芽长出一分株。

(m)　(n)　(o)

图 2.2　白簕各器官的形态特征

(a)、(b)根系；(c)、(d)分株；(e)、(f)腋芽；(g)嫩芽；
(h)、(i)叶；(j)～(l)花蕾及花；(m)、(n)果实；(o)实生苗

2. 茎

白簕茎是地上部分的躯干，茎由芽发育而成，芽分顶芽和腋芽两种，顶端或枝端的芽长成主茎，而腋芽则长成茎上分枝。通常条件下，顶芽和腋芽在冬季寒冷的时候进入休眠状态，从次年 2 月气温回升后，茎上腋芽开始萌发［图 2.2(e)，图2.2(f)］,直到6月是萌发枝条的高峰期,4～6月是采食嫩芽的最佳时期[图2.2(g)]，也是为有性繁殖储存营养的时期。经初步调查研究，白簕分枝(分蘖)的发生有一定顺序，从主茎上发生的分枝为一级分枝，从一级分枝上产生的分枝为二级分枝。

3. 叶

白簕从春季新芽萌发后进入生长旺盛期，芽的雏叶伸出芽鳞，叶片、叶柄便快速生长，叶片从卷曲皱褶状态逐渐展开呈平展状态，经过 10d 左右，叶片展平，直至叶面上皱纹消失，由黄绿色或棕色转变成绿色，且具有光泽，生长较快，叶片随着枝条的生长而陆续增多长大。通常情况下，白簕有小叶 3 片，稀 4 片或 5 片［图 2.2(h)，图 2.2(i)］，枝条上刚萌发的叶片柔软，四季叶子的颜色有差异，越嫩的叶子，颜色呈黄绿色或棕色，然后逐渐转化成绿色，膜质化；叶形为椭圆状卵形至椭圆状长圆形，少数为倒卵形，长 4～10cm，宽 3～6.5cm，先端尖至渐尖，基部楔形，两侧小叶片基部歪斜，两面无毛，或上面脉上疏生刚毛，边缘有细锯齿或钝齿，侧脉 5～6 对，有的明显，有的不明显，网脉不明显。叶柄长 2～6cm，有刺或无刺，基本无毛。

4. 花

白簕花序通常 3～10 个，极少有更少或多至 20 个组成顶生复伞形花序，直径 1.5～3.5cm，一个伞形花序上花数不等，一朵或上百朵；花梗细，长 0.5～2cm，总花梗长 2～7cm，无毛；花黄绿色；萼长约 1.5mm，无毛，边缘有 5 个三角形小齿；花瓣 5，三角状卵形，长约 2mm，开花时反曲；雄蕊 5，花丝长约 3mm；子房 2 室；花柱 2，基部或中部以下合生，花期 8～11 月［图 2.2(j)～图 2.2(l)］。

5. 果实和种子

果实为浆果状多核果，扁椭圆形，表面光滑，幼时绿色，由绿变红，成熟后紫黑色［图 2.2(m)］。花柱 2，宿存，顶端分离。复伞形果序中单伞果序通常为 3～10 个，少数超过 10 个，极少超过 20 个。主果序(中央一枚单伞果序)果实先于副果序(周缘单伞果序)果实 25～30d 成熟。因此，每年 9 月采集的果实均为主果序果实，10 月中旬以后采集的果实基本为副果序果实。单伞果序果实量不等，少的只有 1 粒，而多的则有上百粒(野外记录果实量最多一枚果序为主果序，有 121 粒果实)。白簕果实一旦成熟，应立即采收，否则会因下雨或者轻微的风快速脱落，或遭虫害，主要为叶蜂。果期 9～12 月［图 2.2(m)，图 2.2(n)］。居群下方和附近极少发现实生苗，而在远处可发现少量实生苗［图 2.2(o)］。

2.2.2 白簕解剖学特征

1. 根

采用石蜡切片法，将白簕根切片后用显微镜观察，如图 2.3(a)所示。木栓形成层及栓内层细胞含细胞核；韧皮射线宽 1～4 列细胞；树脂道切向 45～250μm，径向 45～118μm，周围分泌细胞 4～17 个；老的根皮中有韧皮纤维；草酸钙簇晶较少，直径 10～50μm。

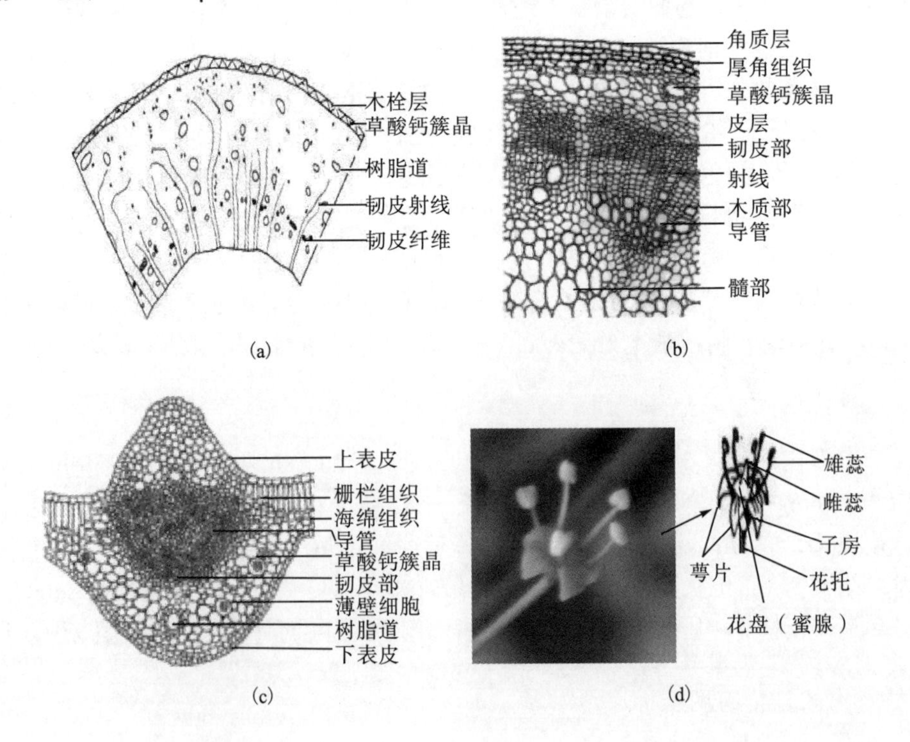

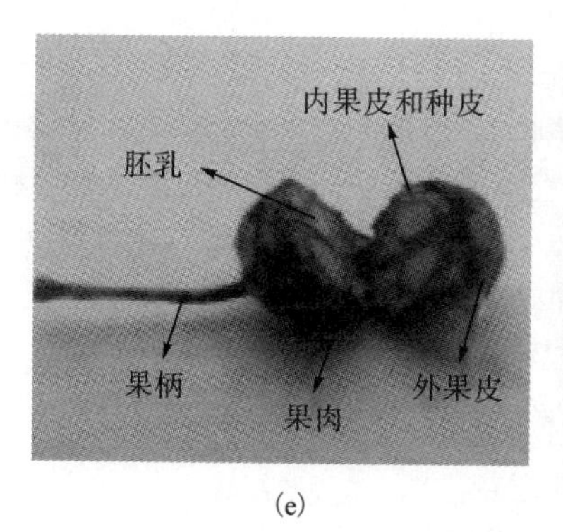

(e)

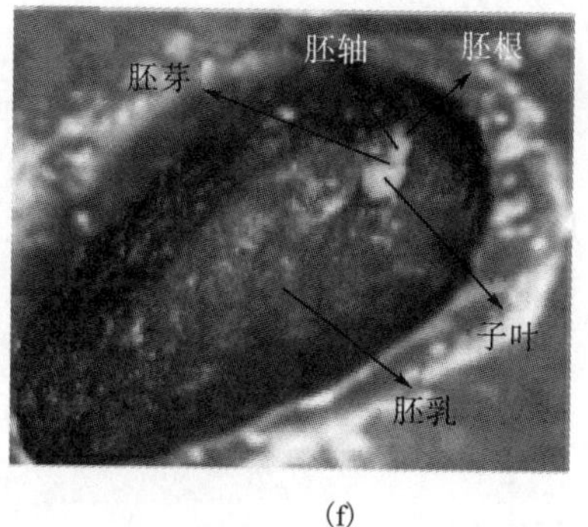

(f)

图 2.3　白簕各器官的解剖学特征

(a)根[70]；(b)茎[70]；(c)叶片；(d)花；(e)、(f)种子

2. 茎

采用石蜡切片法，将白簕茎切片后用显微镜观察，如图 2.3(b)所示。白簕叶茎横切面类似圆形。表皮细胞类方形或类长方形整齐排列，外被角质层。皮层外侧有 2～4 层厚角组织。皮层可见类圆形树脂道，外层细胞中散见草酸钙簇晶，韧皮部细胞较小，外形呈明显环状排列，木质部较韧皮部宽，导管木质化。射线明显，髓部宽广，约占茎横切面的 3/5，由大型的薄壁细胞组成，含淀粉粒和草酸钙簇晶。

3. 叶

采用石蜡切片法，将白簕叶切片后用显微镜观察，如图 2.3(c)所示。白簕上、下表皮均由一列细胞组成，排列紧密，切向延长，外被角质层。栅栏组织 1 列，位于上表皮下方；海绵组织 2～3 列，类圆形，排列疏松。主脉维管束外韧型，木质部导管单个散在，薄壁组织散见草酸钙簇晶及树脂道。

4. 花

将白簕花进行构造分析，如图 2.3(d)所示。白簕花的花萼与子房贴生，具 5 或 4 小齿，镊合状排列，外观黄绿色。雄蕊与花瓣同数互生，发生早于雌蕊。白簕花为两性花，开花前 1～2d，花柱长度一般仅 0.8～1.2mm，花丝和花药呈白色；开花后，花柱长度可达 1.5～2.0mm，花药呈白色或乳白色。

5. 果实和种子

白簕果实为浆果状多核果，扁椭圆形，表面光滑，幼时绿色，成熟后紫黑色，如图 2.3(e)和图 2.3(f)所示。复伞形果序中单伞果序通常 3～10 个，少数超过 10 个，极少超过 20 个。单伞果序果实量不等，少的只有 1 粒，而多的则上百粒。绝大多数果实内有两粒种子，少有 1 粒或 3 粒。种子内果皮木质化程度高，与种皮分离，不规则三棱锥体，背面突起呈种脊，两侧呈现脑纹状突起，腹面平直带花纹。成熟的白簕种子，胚乳丰富，种胚细小，胚长 0.3～0.55mm，埋藏在胚乳之中，位于种子一角隅，体积很小，在适宜条件下，种子完全吸胀吸水后膨大，骨质内果皮从胚根一侧或全部种脊处裂开，少数脱落，进而胚根突破种皮开始萌发，随着胚根胚轴的伸长，两侧子叶伸出，萌发完成。

2.3 白簕传粉生态学研究

2.3.1 野生白簕生长环境

编者研究区域调查发现，白簕适宜生长在土壤较为湿润、腐殖质层深厚、微酸性的杂木林下及林缘，种植在排水良好、疏松、肥沃的夹沙土壤中最好。白簕适宜生长在荫蔽的环境中，同时需要一定的光照。

1. 微酸沙壤

白簕适宜生长在土壤较为湿润、腐殖质层较厚、微酸环境的杂木林下及林缘，种植则需要排水良好、土质较为疏松的肥沃夹沙土壤。

2. 喜温暖，生存能力强

白簕对气候的要求并不严格，喜暖同时也具有一定的耐寒能力；喜阳光，又能耐一定荫蔽，但以夏季温暖湿润多雨、冬季温暖的大陆兼海洋性气候最佳。白簕的生存能力较强，不需要太多的田间管理，且病虫害也少，容易栽培成活。

3. 长日照作物，种子后熟

白簕的果实于 9～10 月成熟，但种子的种胚没有发育成熟，不论是当年的秋播，还是次年的春播，都需要经过夏季在温度、湿度配合的条件下完成形态后熟和经过一个冬季的低温完成生理后熟才能萌发，白簕的种子寿命约 3 年。

2.3.2 白簕开花物候

1. 开花动态监测

在花蕾期，于南充市西山风景区选取野生白簕的不同生境，利用温湿度计(法国 KIMO)、光照计(美国 3413F-Field Scout)测定各个种群中的温度、湿度和相对光照(林下光照强度与裸地光照强度之比)，为避免环境因子测定误差，3 个种群同时测定并重复测 5 次，生境概况见表 2.4。3 种生境的环境因子存在一定的差异(表 2.4)。3 个样地中相对光强呈显著差异($P<0.05$)，3 种生境的温度和相对湿度

无显著差异。其中，生境Ⅰ相对湿度最高，相对光强最低；生境Ⅲ则相反，生境Ⅱ各项生境特征均处于 3 种生境的中间水平。

表 2.4　白簕不同生境主要环境因子概况

生境编号	经纬度	海拔/m	温度/℃	相对光强/%	相对湿度/%
Ⅰ	30° 48.59′ N，106° 03.17′ E	150	22.62±1.31a	32.30±1.48c	60.54±4.73a
Ⅱ	30° 48.06′ N，106° 03.15′ E	350	20.84±1.02a	54.05±2.40b	50.54±3.81a
Ⅲ	30° 48.69′ N，106° 02.59′ E	456	23.42±1.30a	79.28±3.05a	50.76±4.66a
Sig.	—	—	0.90	0.00	0.23

注：同列数据凡具有不同小写字母(a、b、c)者表示在 $P<0.05$ 水平上差异显著

用彩线和彩色标牌在白簕植株上标记至少 5 个花序×10 株。每 7d 观察一次花蕾，花朵开放当天，每隔 2～3d 观察一次，直至花朵脱落或者结实。每次观测均记录花朵开放、花粉散出、柱头伸长、花蜜与气味开始和持续的时间。并用公式计算花序内开放花朵的百分率，即某一特定日期的开花数目/(开放花朵+未开放花蕾+凋落或结果的花朵)。同时记录白簕的开花进程并记录其开始的时间，参照 Dafni[72]的方法，用以下 4 种标准判定开花程度：①种群水平以 25%的个体植株开花时视为始花期；②50%以上的植株开花为开花高峰期；③25%以下的植株尚在花期，其余的已经凋谢视为开花末期；④95%的植株开花结束时视为群体终花期。观察花在花序上的开花动态过程，记录当天开花数目、凋落或结果的花朵数并计算各种开花参数，根据 Herrera[73]的开花物候参数统计方法：①平均开花振幅，根据植株每天开花的数量计算植株的平均开花振幅(mean flowering amplitude)、单位时间开花数[用花数/(株·d)表示]；②开花强度，即相对开花强度(relative flowering intensity)，即花分布频度相对地位的比较，计算方法如下：该植株的相对开花强度等于该植株开花高峰日产生的花数与该种群中植株在其开花高峰日产生的单株最大花数之比。

2. 植株开花动态

白簕于 8 月下旬至 9 月中旬开花，不同的光照条件下的植株，每个花序的花朵数目和开花时间不同。白簕花序由 6～10 个构成复合花序并生于当年生枝条的顶端，着生在中央的花序为主花序，其余花序生于主花序的周围，花序梗较细，花朵数目较主花序少，开花较晚。同一花序上或同一丛上，在中上部、向阳的花序开花较早，同一复合花序中，主花序比副花序早开花和早结实 1～2 个月，如图 2.4(a)所示；同一伞状花序中，底部花更早开花，如图 2.4(b)所示。

(a)

(b)

图 2.4 白簕花序开花形态

对不同生境的开花动态进行观测，其结果如下：不同生境中，中等光照强度，生境Ⅱ的植株开花、结实较早；高光照强度生境Ⅲ比光照强度大的稍晚 10～15d，而低光照的白簕生境花少，有些植株上无花。

3. 种群开花动态

将种群第一朵花开放到最后一朵花凋谢的这段时期定义为种群的花期。由表 2.5 可知，白簕种群的花期为 20～37d。花期从 8 月下旬 9 月初到 10 月中下旬，西山风景区为亚热带暖湿气候，野生白簕主要分布于栖乐山主峰，其海拔为 480.7m。生境Ⅱ开花时间为 9 月上旬，生境Ⅲ开花时间也为 9 月上旬，生境Ⅰ开花最晚，9 月下旬才开始开花。不同生境的白簕开花持续时间有明显差异，生境Ⅱ开花时间最长，约为 37d，其次是生境Ⅲ，约为 25d，最短的是生境Ⅰ，约为 20d。同时，在单株开花时间上，一般为 10～15d 左右，3 个生境的单株持续开花时间差别并不明显。

通过对 3 个生境下种群的观察和记录，并计算每天的开花比例，所得到结果如图 2.5 所示：种群中，生境Ⅱ始花期和盛花期最早，生境Ⅲ与生境Ⅰ的盛花期时间基本一致。

表 2.5 3 个不同生境白簕的种群和个体的开花物候

观测项目	种群水平			个体水平		
	生境Ⅰ	生境Ⅱ	生境Ⅲ	生境Ⅰ	生境Ⅱ	生境Ⅲ
始花日期(月-日)	9-20	9-3	9-7	9-25	9-7	9-10
花期持续时间	20	37	25	10	12	15
开花高峰日(月-日)	10-1	9-25	9-22	10-3	9-10	9-17
开花振幅	—	—	—	23	27	20
开花重叠(同步)指数	—	—	—	0.719	0.288	0.404
终花日期(月-日)	10-8	10-9	10-3	10-5	9-19	9-25

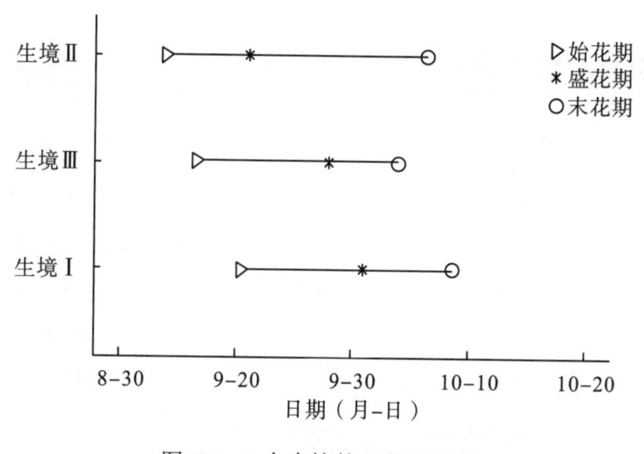

图 2.5　3 个生境的开花期比较

通过对 3 个生境种群开花的观察和记录，并计算每天的开花比例，所得到结果如图 2.6(a)所示：3 个生境的开花物候进程(开花振幅曲线)具有显著的差异性。生境Ⅱ和生境Ⅰ属于单峰曲线，开花比例先慢慢上升到最高峰后再渐渐下降，而生境Ⅲ呈现双峰曲线。由图 2.6(b)可知，3 个生境种群相对开花强度具有一定的差异，生境Ⅱ的种群开花强度主要集中在 40%，具有最高的峰值，从整体水平看，生境Ⅱ的开花强度频率在 20%～50%，具有较高的开花强度。而生境Ⅲ的开花强度频率大体在 20%以下，表明该地白簕植株个体具有较低的相对开花强度。

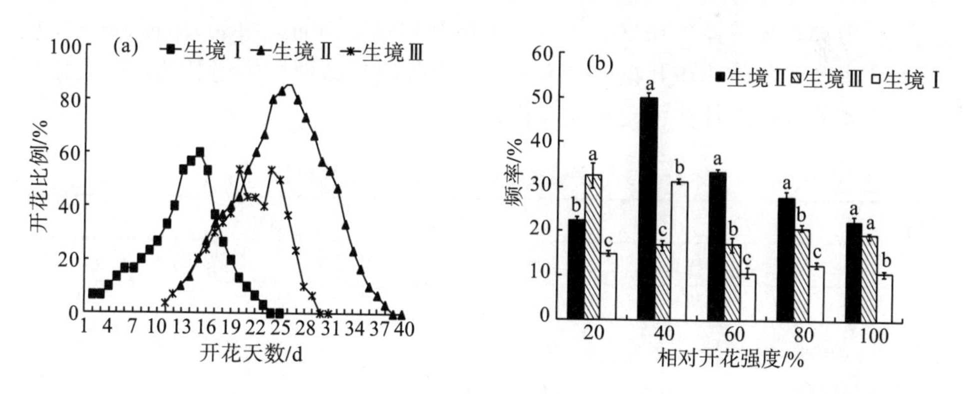

图 2.6　不同生境白簕开花振幅与开花强度对比

白簕的生殖活动一般在 8～10 月，此时的气候条件优越，水分充足且温度适宜，而白簕传粉者的生殖活动也大多数在这个时候。植物间为竞争传粉者，往往会采取“集中，大量开花模式”获得传粉者的有效访问，由此达到生殖成功的目的。3 个生境中，开花振幅曲线主要表现为单峰曲线模式，并仅有一个开花高峰期，且相对开花强度较大，是一种“集中开花模式”。

2.3.3 白簕繁育系统研究

1. 花粉活力与柱头可授性测定

分别选取3个生境的白簕第1天、第2天、第3天、第4天花瓣张开但花药未开裂的花各30朵进行花粉活力和柱头可授性的测定。花粉活力测定用乙酸洋红法测定，具体做法是：用解剖针将花粉挑出，均匀地撒在滴有乙酸洋红溶液的载玻片上，迅速盖上盖片，静置20min后在显微镜下观察。每个载玻片取5个视野，并统计盖片5个视野全部花粉中红色花粉所占比例。其中，被染成红色者活性最强，淡红色稍弱，未被染上颜色者表示该花粉没有活性或者为不育花粉。每朵花制作4个载玻片，观察花粉的染色情况。统计活性花粉数，计算花粉活性率。花粉活力的百分率=活性花粉数/总花粉数×100%。柱头可授性用过氧化氢法测定。具体方法为：检验上述花朵花粉活力的同时把柱头保留完整，将其柱头浸入凹面载片中含有过氧化氢反应液的凹陷处。若柱头具可授性，则会呈现过氧化物酶活性，柱头周围的反应液出现大量气泡，据此可判断其柱头可授性的强弱。

白簕的花粉活力及柱头可授性结果见表2.6，数据采用ANOVA分析得出，白簕在即将盛开时花粉活力均为最低；此后，花粉活力逐渐增强，在开花第4天时，达到最高，3个生境的花粉活力均在80%以上；在开花第1天，生境Ⅰ和生境Ⅱ的花粉活力显著高于生境Ⅲ，且生境Ⅱ柱头具有可授性；开花第2天，三者的花粉活力无显著差异；开花第3天，生境Ⅱ和生境Ⅲ的花粉活力显著高于生境Ⅰ。3个生境的白簕花在开花前一天均无过氧化物酶活性，生境Ⅱ的柱头要比其他两个生境的早熟，且其可授时间较长。

表2.6 3个生境白簕花粉活力和柱头可授性

开花时间	生境Ⅰ		生境Ⅱ		生境Ⅲ	
	花粉活力/%	柱头可授性	花粉活力/%	柱头可授性	花粉活力/%	柱头可授性
0	/	−	/	−	/	−
1	20.65±2.03a	−	26.81±1.71a	+	15.38±1.73b	−
2	43.57±1.34a	++	40.18±2.03a	++	45.08±1.03a	++
3	60.43±1.23b	++	84.52±1.14a	++	70.65±1.11a	++
4	83.799±1.33a	++	90.18±3.03a	++	84.04±1.49a	++
5	53.16±1.57a	+	50.18±2.63a	++	50.44±2.62a	+
6	31.08±1.57a	+/−	24.52±1.14a	++	31.11±1.48b	+/−
7	11.08±1.57a	+/−	13.96±0.98a	+	11.51±1.28b	−

注：“++”表示柱头具可授性强；“+”表示柱头具可授性；“+/-”表示部分具可授性；“-”表示柱头不具可授性，“/”表示无花粉。表中数据均用“平均值±标准误”表示，同行数据凡具有不同小写字母(a、b)者表示在$P<0.05$水平上差异显著

2. 花粉-胚珠比估算

随机选取 30 朵完全开放但花药尚未开裂的花朵，用解剖针将每朵花药与雌蕊分开，雌蕊在解剖镜下解剖并统计花朵中的胚珠数。花药放置在研钵中，加入少许 10%葡萄糖溶液研碎后转移到 10ml 的容量瓶中完成定容，用微量移液枪取 10μl 溶液，在显微镜下统计出花粉数，每朵花重复 8～10 次，取其平均值得出每 10μl 溶液所含的花粉数目，最终计算出每朵花的花粉总数。最后，用每朵花的花粉总数除以胚珠数得到花粉-胚珠比。根据花粉-胚珠比，对照 Cruden(1997)的标准可以判断繁育系统的类型：当花粉-胚珠比为 2.7～5.4 时为闭花受精，18.1～39.0 时为专性自交，31.9～396.0 时为兼性自交，244.7～2588.0 时为兼性异交，2108.0～195 525.0 时为专性异交。

由表 2.7 可知，3 个生境的每花花粉量、每花胚珠数及花粉-胚珠比均无显著的差异。其中，生境 I 和生境III的花粉-胚珠比有差异但差异没有达到显著水平，生境 II 的花粉-胚珠比最小。三者的花粉-胚珠比都大于 2600，因此按照 Cruden(1997)的标准，白簕的繁育系统属于专性异交类型。

表 2.7　3 个生境白簕花的花粉-胚珠比

种类	每花花粉量/粒	每花胚珠数/个	花粉-胚珠比	繁育系统类型
生境 I	6200.80±98.33a	2.10±0.44a	2952.76±18.09ab	专性异交
生境 II	6320.00±94.43a	2.20±0.37a	2872.72±23.28b	专性异交
生境III	6228.00±105.44a	2.00±0.37a	3114.00±15.154a	专性异交

注：表中数据均用“平均值±标准误”表示，同列不同小写字母(a、b)者表示在 $P<0.05$ 水平上差异显著

3. 繁育系统

为了检测白簕的繁育系统，在研究地进行了人工授粉试验，根据 Dafni[72] 的描述方法设立了如下 6 个试验组并统计结实率(各处理 5 个以上花序，每花序 5～10 朵花)：①自然对照，不做任何处理，挂牌直至果实成熟；②套袋对照，不做处理，检验是否自花授粉；③去雄不套袋，判断是否虫媒异交及传粉酬物；④人工自花授粉后，去雄，套袋，鉴定是否自交亲和；⑤同种同株人工异花授粉；⑥同种异株人工异花授粉。

人工授粉组合试验结果见表 2.8：①自然对照，3 个生境的白簕在自然状态下的结实率在 65.54%以下，最高的是生境 II。②通过直接套袋，3 个生境均无结实情况，说明白簕不能进行自花授粉，需要传粉者。③去雄不套袋，3 个生境均具有很高的结实率，均达 77.50%以上，说明白簕为专性异交，需要传粉者。④人工自花授粉的结实率均为 0，说明白簕自交败育不能产生可育性后代。⑤同种同株异花，除生境 I 的结实率为 4.65%外，其余两个生境的结实率均为 0，这也进一步说明白

簕自交败育。⑥同种异株异花，3 个生境的人工异花授粉结实率为 84.37%～88.57%，说明 3 种生境白簕为专性异交，且需要传粉者。

表 2.8 不同处理的结实情况

项目	生境Ⅰ			生境Ⅱ			生境Ⅲ		
	处理花序/朵数	结实数/个	结实率/%	处理花序/朵数	结实数/个	结实率/%	处理花序/朵数	结实数/个	结实率/%
自然对照	13/662	329	49.70	9/653	428	65.54	7/267	114	42.70
套袋对照	12/213	0	0	5/119	0	0	5/61	0	0
去雄不套袋	8/42	36	85.71	5/42	40	95.24	6/40	31	77.50
人工自花授粉	10/38	0	0	6/35	0	0	5/35	0	0
同种同株异花	11/43	2	4.65	7/32	0	0	6/32	0	0
同种异株异花	9/35	31	88.57	5/32	27	84.37	6/33	28	84.85

近交衰退和远交优势是植物繁育系统的重要驱动力，物种之间的远交是适应进化的，因为这样每一代都将产生更多基因型的变化，产生新的等位基因组合，从而提高后代对环境的适应能力。白簕的 6 个人工授粉组合的试验结果表明，其属于自花授粉不育，去雄不套袋的试验表明，白簕是虫媒异交；人工自花授粉试验表明，白簕自交不亲和；同种不同株人工异花授粉表明白簕异花授粉可育。

2.3.4 白簕传粉特性研究

1. 对访花者的观察

2016 年在白簕的盛花期，各选取观测 4 个 2m×2m 样方内已开放的植株进行标记来确定主要传粉昆虫，并定点观察访花昆虫。每个样方，从 8:00～18:00，跟踪观察并记录访花昆虫访问的次数、访花的行为活动规律，并对每种昆虫的访花行为进行摄影、描述，记录在每花序的访花昆虫的种类并用秒表记录访花所用时间并观察天气的变化。访花观察完成后，用昆虫网捕获昆虫标本带回实验室，并请专家鉴定。

访花者主要是膜翅目和双翅目昆虫，如图 2.7 所示。经观察和鉴定，白簕的访花者有 9 种，但是有效传粉者以双翅目的食蚜蝇［图 2.7(a)，图 2.7(b)］和寄蝇［图 2.7(c)，图 2.7(d)］、膜翅目蜜蜂科蜜蜂属的蜜蜂［图 2.7(e)，图 2.7(f)］为主，它们的喙部、颈部和腹部具有少量的花粉，白簕的访花者取食花蜜作为报酬是其进行传粉的主要目的。

图 2.7　白簕访花的有效传粉者

2. 有效访花者的访花频率

从对 3 个生境的访花昆虫的观察记录中发现，在阴雨天气，白簕的访花者很少，几乎没有，在阴天，访花者有少量，访花昆虫在晴天比较多。图 2.8 为 3 个生境的白簕在晴天条件下有效传粉者的访花频率对比情况。由图 2.8 可知，3 个生境的有效访花者的访花频率在每个时间段都存在显著的差异。其中，生境Ⅱ的访花者的访花频率最高，其次是生境Ⅲ的访花者，最低的是生境Ⅰ的访花者。白簕的访花者来访频率最高的时间是一天中的 12:00～14:00，此时光照强度和温度在一天中比较高，湿度比较低，有利于昆虫的活动。在 17:00～18:00，生境Ⅰ的访花者的访花频率为 0，没有访花者。

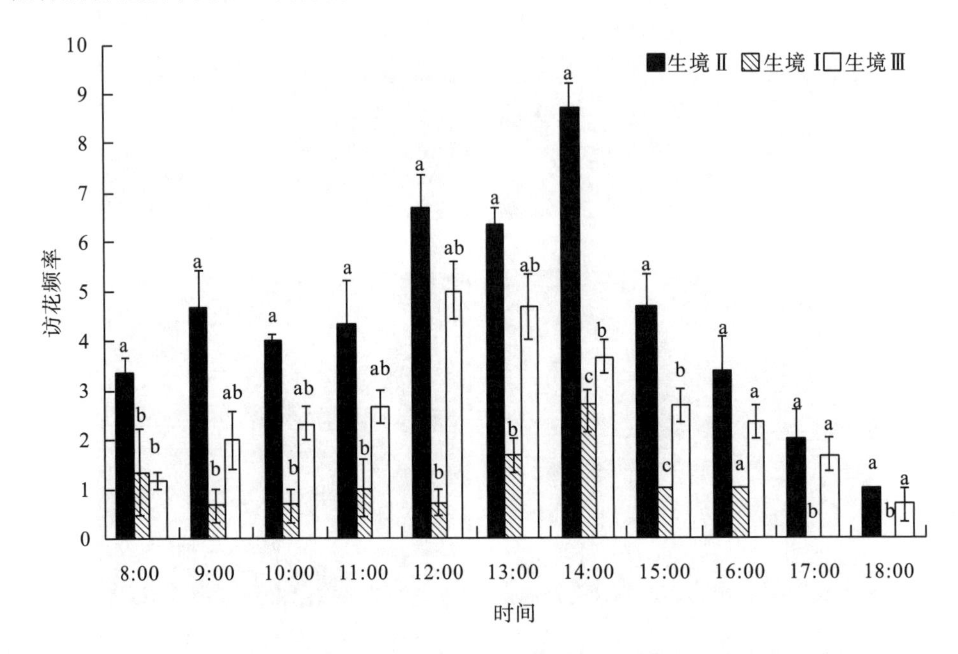

图 2.8　白簕有效访花者的访花频率

图中柱子上凡具有不同小写字母(a、b)者表示 3 个生境在 $P<0.05$ 水平上差异显著

依靠昆虫为媒介传粉的植物，其有效的传粉者种类和访花行为对繁殖的成功具有决定性的作用。植物本身的颜色、气味及各种分泌物，都是吸引昆虫进行传粉的主要资本，与花朵的形态大小、传粉植物体型的大小都有一定的相关性，这些都是两者在长期进化过程中相互适应的结果。作为白簕的主要传粉者，取食花蜜作为报酬是昆虫进行传粉的主要目的。

第3章 白簕生理生态研究

3.1 不同光照下白簕的生长及光合特性的研究

3.1.1 全光照及不同遮阴程度对白簕形态学指标及生物量的影响

1. 遮阴对植物生长发育的影响

光是光合作用中能量的唯一来源，是影响植物生长与分布的主要环境因子之一，植物的光合特性及其与光、CO_2的关系一直以来都是植物生理与生态学研究的焦点。光照对植物生长的作用表现在光照能加快细胞的分裂和增大，促进组织和器官分化，制约器官生长和发育速度[74]。近几十年以来，很多学者在遮阴对植物生长发育的影响上做了很多研究。一部分人认为，适度的遮阴能促进植物的生长，如生长加快，叶片叶绿素含量增加，根冠比增加，生物学产量和经济产量有明显增长。如范燕萍等[75]在研究遮阴对匙叶天南星生长情况时发现，遮阴一层和两层的植株相对生长较高，冠幅也较大；赵威等[76]认为适度的遮光条件有利于牡丹生物量的积累；胡万良等[77]研究发现适宜的遮阴有助于刺龙牙的生长；杨梅娇[78]对一年生油樟幼苗进行不同光照研究表明，50%光照最有利于油樟苗高和地径的生长。也有一部分研究者认为遮阴不但不能促进植物的生长，反而会抑制植物的生长。杨志民等[79]研究表明，遮阴下的叶片宽度、分蘖数、比叶重、草坪质量、可溶性蛋白含量均比自然光下低。

不充足的光会通过限制植物光合作用而使植物受到光胁迫，从而减少植物碳的合成和植物生殖生长。反之，高光强可能会损害进行光合的部位。目前，白簕都是以野生苗利用为主，虽然也有开展人工栽培，但主要从白簕作为野生蔬菜方面和白簕及五加属植物的药用化学成分上进行研究，对白簕需要何种适宜的光合有效辐射进行栽培还未见报道。本书以人工栽培的白簕幼苗作为试验对象，进行不同遮阴处理，研究白簕的生长发育和生理光合相关指标，探讨不同遮阴条件对白簕生长和光合生理的影响，找出白簕最适的遮阴环境，以期对白簕的引种驯化、栽培提供科学有效的数据，使白簕资源得到更广泛的应用。

2. 一年生白簕幼苗遮阴试验

2009 年 10 月于西山后山采摘白簕种子，采摘后去其果皮、洗净，放在实验室自然阴干存放备用。2010 年 1 月下旬选取比较饱满的种子播种于西华师范大学试验地，自然状态下萌发生长。2011 年 3 月选择生长良好，高矮一致的一年生白簕幼苗移栽于大塑料盆中，取当地的土壤作为栽培土壤，每盆两株，经一周缓苗后用黑色尼龙遮阳网对其进行全光照(CK)、一层遮阳网(Ⅰ)、两层遮阳网(Ⅱ)、三层遮阳网(Ⅲ)处理，每处理 15～20 株，各植株间保持一定的距离，确保彼此相互不挡光，可认为植株间没有影响，生长期间按常规管理。

形态指标测定：从 2011 年 3 月中旬到 2011 年 6 月中旬，用直尺定期(10d)对白簕株高、枝条长度进行测量，用游标卡尺测量白簕基部主茎直径(基径)、枝条基径，每次测量 5～10 株，试验结束再对株高和基径进行最后一次测量。

生物量测定：试验结束后，将白簕植株整株挖出清洗干净，分成根和茎叶两部分，105℃下杀青 10min，80℃烘干至恒重，称量其干物质质量并根据各指标结果计算基径/株高、根冠比、根生物量比和茎叶生物量比。根冠比=根干物质质量/地上干生物量；根生物量比=根干物质质量/全株干物质质量；茎叶生物量比=茎叶干物质质量/全株干物质质量。

3. 试验结果

1)遮阴对白簕株高、基径的影响

如图 3.1(a)所示，遮阴处理下的白簕显著高于全光照下白簕幼苗的株高，遮阴处理间无差异，且在两层遮阴处理Ⅱ达到最大值，为 96.07cm，在全光照下最低，为 77.02cm，株高顺序为Ⅱ＞Ⅲ＞Ⅰ＞CK。可见，遮阴下的幼苗为了能更好地生长，通过茎的生长使其能占据更多的空间和面积，确保叶片彼此间不相互遮挡，进而能更好地利用弱光；而在全光照下的幼苗为了降低光照对其的灼伤，通过降低其植株的高度来避免。

如图 3.1(b)所示，遮阴对白簕基径的变化明显，基径随着遮阴度的增强先逐渐上升再下降，在两层遮阴处理Ⅱ达到最大值，为 5.86mm，在三层遮阴处理Ⅲ最低，为 4.46mm。两层遮阴处理Ⅱ显著高于其他处理($P<0.05$)，一层遮阴处理Ⅰ与全光照(CK)无差异。

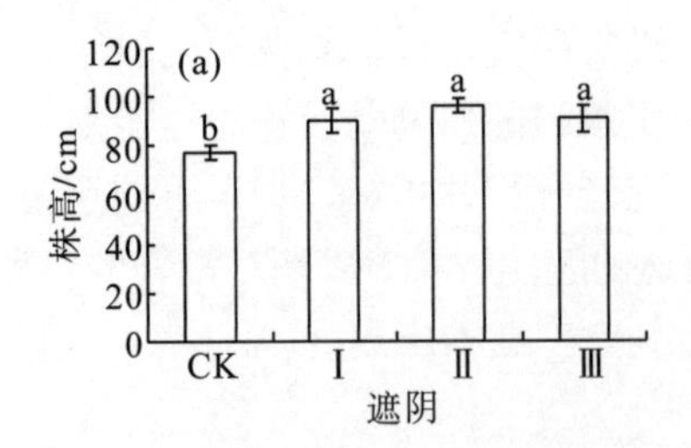

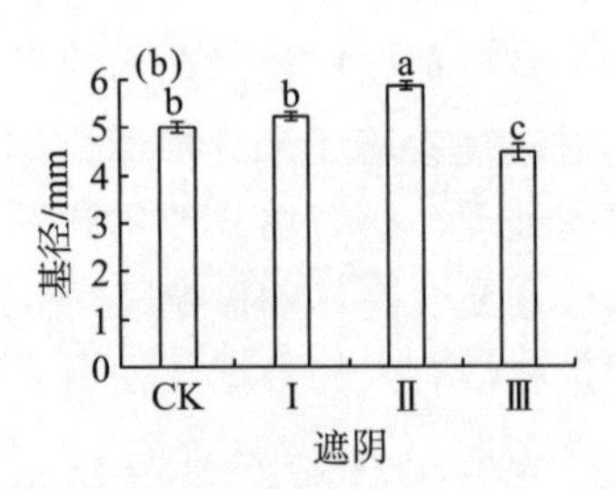

图 3.1 遮阴对白簕幼苗株高(a)、基径(b)的影响

图中不同小写字母表示在 $P<0.05$ 水平上差异显著

2)遮阴对白簕枝条数、枝条长度、枝条基径、叶片大小的影响

试验过程中观察发现，白簕幼苗 3 月初开始萌发新枝条且长势好；5 月中旬全光照白簕叶片开始出现异常，颜色由深绿色逐渐变为黄绿色，叶片变厚变硬；5 月下旬叶片上开始出现褐色斑点，幼苗下部叶片开始逐步干枯掉落，且该现象与前一年的预试验情况基本一致。同时在三层遮阴处理Ⅲ中，白簕萌发的新枝条数量明显减少且太细，易倒伏。随着遮阴度的增加，各遮阴处理枝条平均长度均显著高于全光照(CK)，且遮阴度越高，枝条平均长度越长，但遮阴处理Ⅰ、Ⅱ、Ⅲ之间无显著差异；而枝条的平均基径遮阴处理Ⅰ和Ⅱ显著高于Ⅲ，Ⅰ、Ⅱ与 CK 间有差异但未达到显著水平。随着遮阴层数的增多，白簕叶片的长、宽和叶面积均明显增加(表 3.1)。

表 3.1　遮阴对白簕枝条平均长度和基径及叶片生长状况的影响

处理	枝条平均长度/cm	枝条平均基径/mm	叶片生长状况		
			长/cm	宽/cm	叶面积/cm^2
CK	16.46±1.27b	2.67±0.05ab	3.60±0.22c	1.82±0.08c	7.55±0.99c
Ⅰ	35.08±2.91a	2.89±0.11a	5.11±0.14b	2.47±0.09b	15.64±1.29b
Ⅱ	39.41±4.80a	2.94±0.15a	6.46±0.19a	2.89±0.08ab	21.67±0.91a
Ⅲ	40.90±4.39a	2.19±0.05b	7.52±0.47a	3.31±0.21a	29.02±3.11a

注：CK、Ⅰ、Ⅱ、Ⅲ分别代表全光照、一层遮阴处理、两层遮阴处理和三层遮阴处理；同列数据凡具有不同小写字母(a、b、c)者表示在 $P<0.05$ 水平上差异显著

3)遮阴对白簕根、茎、叶、总生物量的影响

如图 3.2 所示，不同遮阴处理显著影响了白簕各营养器官的生物量，随着遮阴度的增加，白簕的茎生物量、叶生物量和总生物量的变化趋势一致，都是先上升后下降，在两层遮阴处理Ⅱ条件下达到最大，分别为 7.98g、5.55g、18.71g，在三层遮阴处理Ⅲ条件下最小，分别为 4.97g、3.28g、10.33g。根生物量随遮阴增加逐渐降低，但一层遮阴处理Ⅰ和两层遮阴处理Ⅱ与全光照(CK)下的根生物量无显著差异。

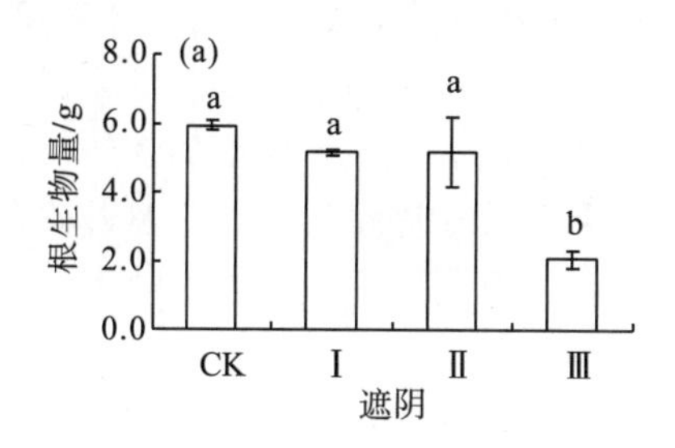

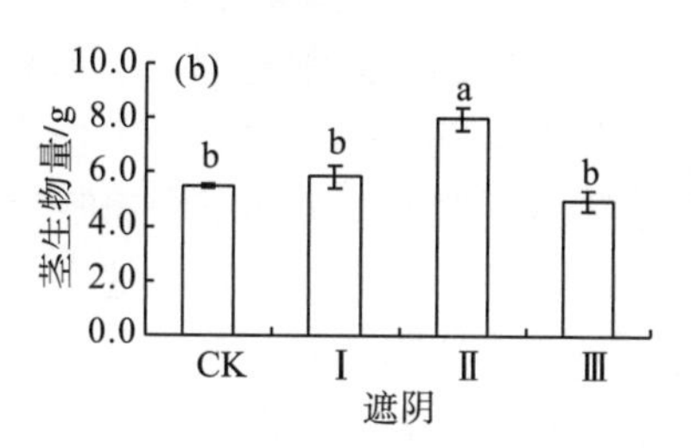

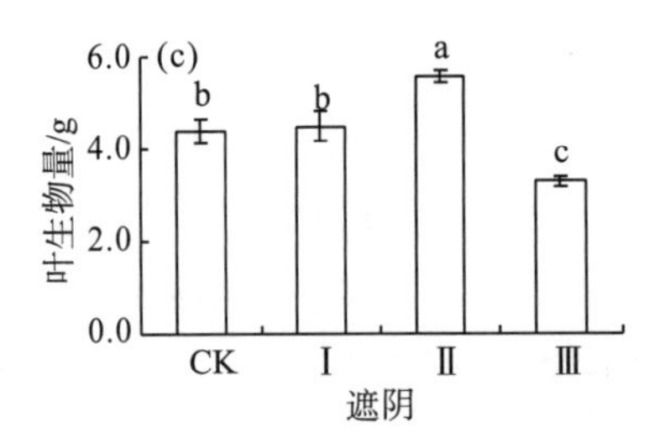

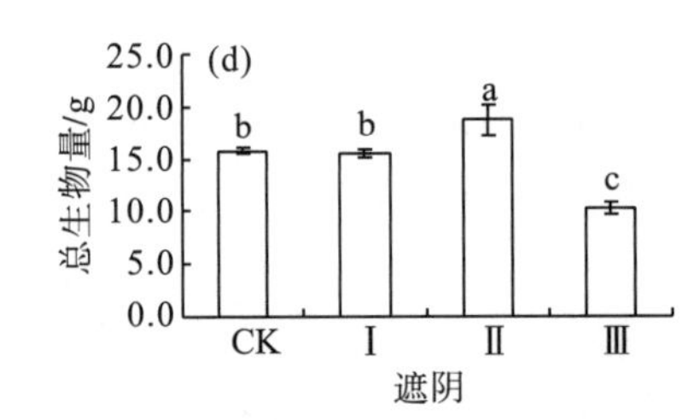

图 3.2 遮阴对白簕根、茎、叶、总生物量的影响

图中不同小写字母表示在 $P<0.05$ 水平上差异显著

4) 遮阴对白簕各营养器官生物量分配的影响

如表 3.2 所示，茎生物量比及叶生物量比随着遮阴度的增加而增加，根生物量比和根冠比则呈现相反的趋势，随遮阴度增加而降低。除叶生物量比外，其余参数在 4 个处理间均达到显著差异($P<0.05$)。

表 3.2 不同遮阴对白簕各营养器官生物量分配的影响

项目	CK	I	II	III
根生物量比 RMR	0.377±0.009a	0.337±0.003a	0.270±0.030b	0.197±0.017c
茎生物量比 SMR	0.347±0.007c	0.377±0.023bc	0.430±0.012ab	0.480±0.021a
叶生物量比 LMR	0.277±0.015a	0.290±0.021a	0.300±0.021a	0.317±0.012a
根冠比 R/S	0.603±0.018a	0.500±0.010a	0.380±0.060b	0.247±0.027c

注：CK、Ⅰ、Ⅱ、Ⅲ分别代表全光照、一层遮阴处理、两层遮阴处理和三层遮阴处理；同行数据凡具有不同小写字母(a、b、c)者表示在 $P<0.05$ 水平上差异显著

4. 白簕遮阴对形态学和生物量的影响效果

从白簕的各项形态指标来看，遮阴后白簕的株高高于全光照，且在两层遮阴处理Ⅱ下达最大值，为 96.07cm，全光照(CK)下白簕幼苗株高最低，为 77.02cm；白簕基径随遮阴度的增加先升后降，在两层遮阴处理Ⅱ最大，从白簕枝条的平均长度和平均基径来看，遮阴Ⅰ和Ⅱ都要优于遮阴Ⅲ和全光照(CK)；从白簕的叶片形态上看，白簕的叶面积随遮阴层数增加而增大，一方面增加了蒸腾面积，加快了白簕叶片的蒸腾作用，促进了矿物质的向上运输；另一方面增加叶面积是对弱光环境的生态适应。全光照下白簕叶片基本无毛且叶片厚实，从 5 月开始全光照下的白簕叶片开始逐渐出现黄色的小斑点，而在遮阴处理中未发现叶片有这种现象。综上表明，遮阴有利于白簕幼苗的生长，但并不是遮阴越强越好，从实际生长情况和试验结果表明：两层遮阴处理Ⅱ条件下白簕生长最好。

通过对白簕进行不同遮阴处理发现白簕的生物量对遮阴处理的响应比较明显，

白簕在两层遮阴处理Ⅱ下获得很高的生物量，全光照和一层遮阴处理Ⅰ下白簕获得较高的生物量，在三层遮阴处理Ⅲ下尽管能维持生长，但是总生物量明显下降，说明过度遮阴不利于白簕生物量的积累，如果长期生长在过度遮阴环境下还可能造成植株死亡。随着遮阴度的增加，白簕增加了地上部分(茎及叶生物量)的投入，减少了对地下部分(根生物量)的投入，这种变化有利于白簕在弱光环境下吸收更多的光能，进而生成更多的有机物。由于全光照(CK)下的光强较强，植物可能较早地进入了休眠期，地上的营养物质向地下转移，因此全光照下的根生物量、根冠比较大，但茎生物量、叶生物量与两层遮阴处理Ⅱ相比却有所下降，在过度遮阴(三层遮阴处理Ⅲ)下白簕的总生物量不但不增加反而减小。在遮阴条件下白簕主要是通过增加地上生物量(尤其是增加茎生物量)来适应光资源限制——增加获取更多光资源的机会。从地上、地下物质分配平衡来考虑，适度的遮阴可以刺激白簕的总生物量积累，但是随着遮阴度的增加，更多的生物量分配到地上部分，而对吸收养分和水的根分配的生物量降低(如三层遮阴处理Ⅲ)，这个降低可能不利于地上地下的平衡，最终对白簕的生长产生负面的影响。总体来看，两层遮阴处理Ⅱ处理能够积累较多的有机物质，从而促进白簕幼苗的生长。

3.1.2 全光照及不同遮阴度对白簕生理指标的影响

1. 遮阴对植物生理特性的影响

植物在遮阴环境下会通过改变一系列的生理生化来适应这种弱光环境，目前，不少学者对这方面的变化做了大量研究。在弱光环境下，植物叶片中的碳水化合物合成受阻，致使叶片中的可溶性糖含量急剧降低，如潘远智和江明艳[80]在研究遮阴对一品红叶片可溶性糖含量的影响时发现遮阴使其含量降低；遮阴使假俭草可溶性蛋白和可溶性糖含量减少[81]。遮阴对植株叶片细胞膜保护酶活性也会产生影响，光强不同，酶的活性也不同[82]。Mishra 等[83]和 Logan 等[84]发现，在强光照下，植物叶片的抗氧化能力提高；周兴元和曹福亮[81]对假俭草的研究表明：遮阴后假俭草的 POD、SOD、APX 等抗氧化酶活性及 MDA 含量均降低。

2. 白簕一年生幼苗生理指标的测定

脯氨酸、丙二醛、可溶性糖和可溶性蛋白的测定：脯氨酸(Pro)含量的测定采用磺基水杨酸法[85]；丙二醛(MDA)含量的测定采用硫代巴比妥酸(TBA)比色法[86]；可溶性糖含量的测定采用蒽酮比色法[87]；可溶性蛋白含量的测定采用考马斯亮蓝染色法[88]。

抗氧化性酶活性测定：超氧化物歧化酶(SOD)活性的测定采用 NBT 光氧化还原法[89]；过氧化物酶(POD)活性的测定采用愈创木酚法[90]。

3. 测定结果

1)遮阴对白芨脯氨酸、丙二醛、可溶性糖和可溶性蛋白含量的影响

如表 3.3 所示，随着光照强度的减弱，白芨叶片游离脯氨酸(Pro)和丙二醛(MDA)的含量呈下降趋势，其中 CK 显著高于其他遮阴处理(P<0.05)，在丙二醛(MDA)含量测定中，遮阴Ⅱ和Ⅲ之间无显著差异但明显低于遮阴Ⅰ和全光照(CK)处理，最低值出现在遮阴Ⅱ中。植株叶片可溶性蛋白含量随光强的减弱先显著上升，在遮阴Ⅱ条件下达最大值后显著下降；而可溶性糖含量随光强的减弱呈降低的趋势，CK>遮阴Ⅰ和遮阴Ⅱ>遮阴Ⅲ(P<0.05)。

表 3.3 不同遮阴下白芨叶片脯氨酸、丙二醛、可溶性糖、可溶性蛋白的含量

处理	脯氨酸/(μg/g FW)	丙二醛/(μmol/g FW)	可溶性糖/(mg/g FW)	可溶性蛋白/(mg/g FW)
CK	88.61±4.50a	12.79±1.07a	9.07±0.16a	26.07±0.69c
Ⅰ	30.33±0.76b	6.23±0.57b	6.09±0.30b	38.07±1.51b
Ⅱ	27.41±2.18b	4.27±0.47c	6.18±0.10b	56.76±1.75a
Ⅲ	27.12±0.89b	4.72±0.43bc	3.02±0.17c	25.90±0.74c

注：CK、Ⅰ、Ⅱ、Ⅲ分别代表全光照、一层遮阴处理、两层遮阴处理和三层遮阴处理；同列数据凡具有不同小写字母(a、b、c)者表示在 P<0.05 水平上差异显著

2)遮阴对白芨抗氧化性酶活性的影响

如图 3.3 所示，遮阴处理后白芨叶片的 SOD 活性相较于全光照(CK)(336.2U/g FW)有所降低，分别比全光照降低 4.3%、28.8%、62.0%，在遮阴Ⅲ处理下达到最低值(127.7U/g FW)，遮阴各处理均达到显著差异(P<0.05)，遮阴Ⅰ和全光照(CK)差异不显著(P>0.05)。白芨叶片的 POD 活性在不同遮阴处理后，随着遮阴度的增加呈下降趋势。在全光照(CK)处理下达最大值［93.6U/(min·μg)］，且显著高于遮阴Ⅱ和Ⅲ处理(P<0.05)，遮阴Ⅰ和Ⅱ处理间无显著差异(P>0.05)。

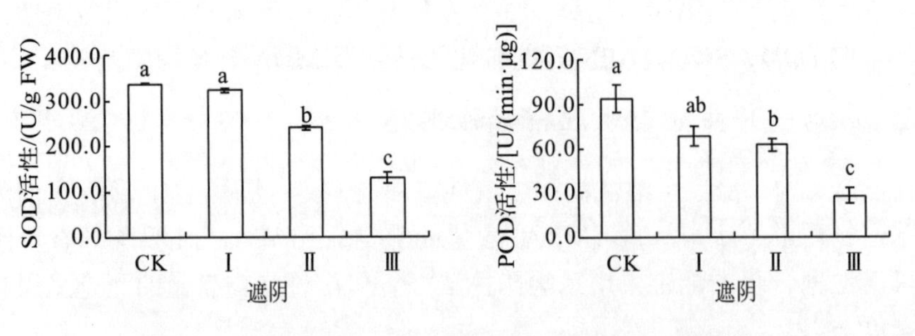

图 3.3 不同遮阴条件下白芨叶片的 SOD 和 POD 活性

图中不同小写字母表示在 P<0.05 水平上差异显著

4. 白簕不同光照条件下的生理指标变化

在逆境环境下，植物体内的脯氨酸能够起到保护细胞膜和酶的作用，可以防止植物水分散失和提高原生质胶体的稳定性，因此脯氨酸被称作植物的渗透调节剂，作为反映植物抗逆性强弱的一个因子[91,92]。本研究中，随着遮阴度的增加，白簕叶片的脯氨酸含量逐渐降低，并在全光照下达到最高值，可能因为在全光照条件下白簕叶片受到强光胁迫。脯氨酸含量在遮阴Ⅲ处理下最低，应该在此处理下生长最好，但是在前面研究中，遮阴Ⅲ干物质质量下降，且枝条细小易倒伏，因此，两层遮阴处理Ⅱ有利于白簕生长。MDA 是脂过氧化物，其含量可以表示细胞膜损伤程度[93,94]。本研究中，白簕叶片的 MDA 含量在遮阴Ⅱ条件下最低，说明白簕在遮阴Ⅱ环境下生长良好，在全光照下含量最高，说明了白簕在全光照环境下生长欠佳。

在逆境环境下，可溶性糖作为渗透调节物质对保护膜的完整性和提高植物的抗逆性具有重要意义[95]。白簕叶片的可溶性糖含量随着遮阴度的增加逐渐降低，全光照下白簕叶片的可溶性糖高于遮阴处理，说明全光照环境增强了白簕的抗逆性，进一步说明全光照对白簕幼苗的生长不利。白簕叶片的可溶性蛋白含量随着遮阴度的增加先上升后下降，在三层遮阴Ⅲ处理下最低。温度升高增强了植物地上部分氮素的吸收，减少了可溶性蛋白的积累，并且，温度高有利于提高光合作用的效率，植物进行光合作用时就需要更多的光合酶，因此可溶性蛋白含量就会急剧下降。本研究中，三层遮阴处理Ⅲ时可溶性蛋白含量最低，两层遮阴处理Ⅱ时可溶性蛋白含量最高，因此，三层遮阴处理Ⅲ已不利于白簕幼苗生长。

植物在逆境中会产生大量的自由基，自由基积累太多对植物会有一定的损伤，但是植物在进化过程中也形成了一套防活性氧伤害的机制[96-99]。本研究中，全光照下的白簕叶片的 SOD 和 POD 活性最高，三层遮阴Ⅲ处理下的 SOD 和 POD 活性最低，可能在高光强下酶活性升高是适应不利环境的反映，而在太低光强环境下，白簕幼苗的生理代谢功能发生紊乱，不利于 SOD 和 POD 的合成。两层遮阴Ⅱ处理有利于白簕幼苗的生长，在人工栽培的时候应该考虑光强对白簕生长的影响。

3.1.3　全光照和遮阴对白簕光合生理特性的影响研究

1. 遮阴对植物光合生理特性的影响

叶绿素作为维持植物光合作用的主要因子，其含量不仅与植物本身有关，还与植物所处的环境有关，而光又是影响叶绿素合成的重要因子。大多数学者认为遮阴会使植物叶片的叶绿素含量增加，使植物能够在低光环境下更有效地吸收光能，从而更有利于植物光合作用的进行[100-102]。叶绿素 a/叶绿素 b 值的高低可以表明植物在低光环境下是否生长得好，是否能够更好地适应低光环境。近年来，许多研究表明，遮阴通过降低光合电子的传输能力来降低单叶的净光合速率，从而来适应低光环境[103]。但是也有研究称降低光照强度后有利于植物增加对光能的吸收能力，因为在强光照下植物的叶绿体结构被破坏[104]。叶绿素荧光动力学技术被称为研究植物叶片光合功能的快速、无损伤探针，叶绿素荧光参数研究中，初始荧光(F_o)是反映光系统Ⅱ(PSⅡ)反应中心运转情况的指标，F_o上升说明PSⅡ反应中心受到破坏或者失活。F_v/F_o表示PSⅡ植物叶片的潜在活性，F_v/F_m表示PSⅡ最大光化学量子产量，反映PSⅡ反应中心内禀光能转换效率，在非胁迫条件下该参数变化不明显，物种和生长条件对其影响不大，在胁迫条件下该参数下降明显。叶绿素荧光参数在不同遮阴条件下有明显的影响，随着光照强度的降低，植物叶片的F_v/F_m、F_v/F_o升高。

2. 白簕叶绿素含量及光合生理特性的测定

1)叶绿素相对含量的测定

白簕叶绿素相对含量用便携式叶绿素含量测定仪于2011年6月进行测定。每个处理随机选取 3 片完好的成熟叶片，每片叶片中脉两侧各均匀选 3 个点读取SPAD值代表叶绿素相对含量，这6个点的平均值作为该叶片的SPAD值。

2)光合特性的测定

光合-光响应曲线的测定：于2011年6月上午9:00～11:00用美国LI-COR公司生产的LI-6400型便携式光合仪测定叶片的光合速率P_n，测定前先对白簕成熟叶片进行至少 30min 光诱导，测定时使用红蓝光源控制光强，依次设定为1200μmol/(m^2·s)、1000μmol/(m^2·s)、800μmol/(m^2·s)、600μmol/(m^2·s)、400μmol/(m^2·s)、200μmol/(m^2·s)、150μmol/(m^2·s)、100μmol/(m^2·s)、80μmol/(m^2·s)、60μmol/(m^2·s)、40μmol/(m^2·s)、20μmol/(m^2·s)、10μmol/(m^2·s)、0μmol/(m^2·s)，CO_2浓度设置为380μmol/mol。重复3次，每次选取一株幼苗的一片完全展开成熟叶片，以光合有效辐射PAR为横坐标，分别以净光合速率(P_n)、气孔导度(Cond)、胞间CO_2浓度(C_i)、蒸腾速率(T_r)、水分利用率(WUE=P_n/T_r)为纵坐标绘制光响应曲线，采用Farquhar方程拟合出最大净光合速率(P_{max})、表观量子效率(AQE)、暗呼吸速率(R_d)，在低光环境下利用直线回归计算光补偿点(LCP)和光饱和点(LSP)。其公式为

$$P_n=\frac{\alpha \mathrm{PAR}+P_{max}-\sqrt{(\alpha \mathrm{PAR}+P_{max})^2-4k\alpha \mathrm{PAR}P_{max}}}{2k}-R_d$$

叶绿素荧光参数测定：选择晴朗天气于2011年6月上午9:00～11:00用美国LI-COR公司生产的LI-6400型便携式光合仪测定，经暗适应20min后测定初始荧光(F_o)、最大荧光(F_m)、可变荧光(F_v)等荧光参数，并计算PSⅡ最大光化学量子产量(F_v/F_m)、PSⅡ植物叶片潜在活性(F_v/F_o)。每个处理选择3株植物进行测定。

3. 试验结果

1)遮阴对白簕叶片叶绿素含量的影响

遮阴处理对白簕叶片的叶绿素含量产生了明显的影响。叶绿素 a、叶绿素 b 和总叶绿素(叶绿素 a+叶绿素 b)均随着光照强度的减弱而升高，遮阴(Ⅰ、Ⅱ、Ⅲ)处理下白簕叶片的叶绿素 a 较全光照分别提高了 17.95%、36.26%、128.22%，叶绿素 b 分别提高了 14.73%、59.69%、156.01%，总叶绿素分别提高了 17.21%、41.98%、134.94%。叶绿素 a/叶绿素 b 随光强的减弱先上升后逐渐降低，遮阴Ⅰ显著高于遮阴Ⅱ和遮阴Ⅲ($P<0.05$)，但与 CK 无显著差异($P>0.05$)(表 3.4)。白簕叶片叶绿素的变化，反映了白簕幼苗在遮阴环境下对其的生理适应。

表 3.4 不同遮阴条件下白簕叶片叶绿素含量

处理	叶绿素 a/(mg/g)	叶绿素 b/(mg/g)	总叶绿素/(mg/g)	叶绿素 a/叶绿素 b
CK	1.616±0.211c	0.516±0.060c	2.132±0.270c	3.090±0.122ab
Ⅰ	1.906±0.099bc	0.592±0.028c	2.499±0.125bc	3.224±0.090a
Ⅱ	2.202±0.177b	0.824±0.107b	3.027±0.241b	2.838±0.219b
Ⅲ	3.688±0.192a	1.321±0.062a	5.009±0.252a	2.785±0.059b

注：同行数据凡具有不同小写字母(a、b、c)者表示在 $P<0.05$ 水平上差异显著

2)光响应曲线

由图 3.4 可以看出，测量值和拟合值几乎重合，说明该模型对白簕的光响应曲线模拟得较好。各遮阴处理下白簕叶片的 P_n-PAR 曲线与全光照下的变化趋势基本一致，开始时 P_n 随着光强的增加而逐渐增大，当光强 PAR 到达 400μmol/(m^2·s)(即饱和点)左右时，P_n 随光强的增强而缓慢增加直至趋于平稳。而比较不同遮阴强度对白簕的影响，可以看出，白簕幼苗在两层遮阴Ⅱ处理下表现出更强的光合能力。在三层遮阴Ⅲ处理下光合能力最弱，因此过度遮阴对白簕造成了不利影响。

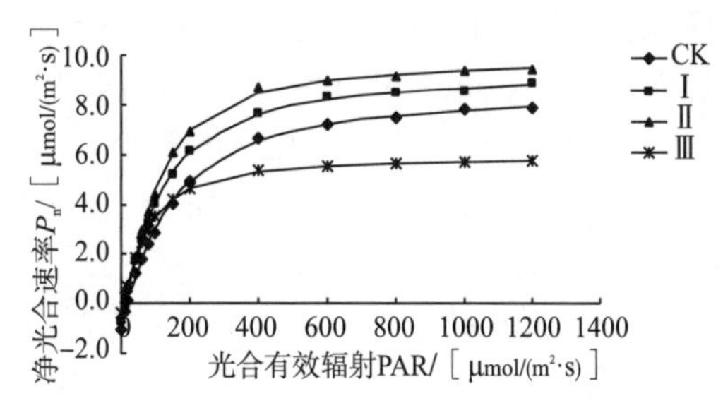

图 3.4 遮阴后白簕叶片光合-光响应曲线

黑点表示测量值；曲线表示拟合值

3）遮阴对白簕光合参数的影响

光饱和点是指当达到一定光强时，光合速率不再增高，开始达到最大值时的光强；光补偿点是指当呼吸作用和光合作用两者相等时的光强。白簕的光饱和点和光补偿点均较低，充分显示了白簕幼苗喜阴的特性。如表 3.5 所示，最大净光合速率(P_{max})两层遮阴Ⅱ处理最高，三层遮阴Ⅲ处理最低，遮阴后白簕叶片的光补偿点(LCP)、光饱和点(LSP)、暗呼吸速率(R_d)均随光强的降低而降低。全光照下的 LCP 与遮阴处理下的 LCP 有差异但不显著($P<0.05$)，遮阴处理间没有显著差异($P>0.05$)。LSP 显著高于遮阴处理，遮阴Ⅲ与Ⅰ差异显著($P<0.05$)。这说明，白簕在弱光条件下，能通过降低光补偿点、光饱和点来提高对弱光的利用，并通过降低呼吸消耗来维持自身的正常生长，有利于碳的净积累。对 0～100μmol/(m^2·s)光量子通量的光合速率进行 PAR-P_n 直线回归，斜率即为表观量子效率，结果表明，表观量子效率在两层遮阴Ⅱ处达到最大值(0.0513)，在全光照下最低，为 0.0294，说明白簕在适度的遮阴环境下捕获光量子的能力较强。

表 3.5 不同遮阴对白簕幼苗叶片的最大光合速率、暗呼吸速率、光补偿点、光饱和点的影响

项目	CK	Ⅰ	Ⅱ	Ⅲ
最大净光合速率 P_{max} /［μmol(CO_2)/(m^2·s)］	9.67±0.09a	10.07±0.36a	10.42±0.90a	6.40±0.39b
暗呼吸速率 R_d /［μmol/(m^2·s)］	0.931±0.223a	0.644±0.047ab	0.538±0.144ab	0.401±0.042b
光补偿点 LCP /［μmol/(m^2·s)］	12.15±2.23a	8.95±1.20ab	7.25±1.44ab	3.13±2.08b
光饱和点 LSP /［μmol/(m^2·s)］	342.20±16.06a	225.50±14.35b	210.07±16.31bc	167.20±14.61c
表观量子效率 AQE	0.0294	0.0468	0.0513	0.0391

注：同行数据凡具有不同小写字母(a、b、c)者表示在 $P<0.05$ 水平上差异显著

4）遮阴对白簕光合生理的影响

由图 3.5(a)可以看出，遮阴后白簕叶片的气孔导度高于全光照下的气孔导度，在遮阴Ⅱ处理下达最高，在 PAR=0μmol/(m^2·s)时，遮阴Ⅱ下的白簕的气孔导度为 0.047mol(H_2O)/(m^2·s)，在全光照(CK)下气孔导度较小，在 PAR=0μmol/(m^2·s)时，全光照下白簕的气孔导度为 0.024mol(H_2O)/(m^2·s)，遮阴Ⅰ处理下白簕的气孔导度为 0.025mol(H_2O)/(m^2·s)。可以看出在高光强下白簕叶片蒸腾失水较多，气孔孔隙变小，黑暗环境下仍然保持较低的气孔导度，说明高光强导致气孔关闭。

如图 3.5(b)所示，各处理下白簕叶片的胞间 CO_2 浓度随光强的增加呈降低的趋势，在 PAR 达到 600μmol/(m^2·s)左右时略有上升。C_i 值小，则光合作用所需的源物质少，不利于光合作用；而 C_i 值大，光合作用所需的源物质多，光合速率提

高的潜力大[105]。图3.5(b)中全光照(CK)下 C_i 值最小，说明该光照下植株的需要的源物质少，不利于光合作用，而遮阴后Ⅱ处理和Ⅲ处理的 C_i 值较接近，说明这两个处理的光合能力相差不大。

由图3.5(c)可以看出，随着光照强度的增加，遮阴处理和全光照(CK)下白簕叶片的蒸腾速率均不断增加，两层遮阴Ⅱ处理下白簕叶片的蒸腾速率高于其他处理，遮阴Ⅲ白簕叶片的蒸腾速率最小，其他遮阴处理(Ⅰ和Ⅲ)白簕叶片的蒸腾速率相差不大。

从图3.5(d)可以看出，当PAR≤400μmol/(m^2·s)时，白簕叶片的水分利用率WUE迅速升高；当PAR≥400μmol/(m^2·s)时，WUE增加缓慢并有所下降。遮阴处理中随遮阴度的增加，白簕叶片的WUE降低，三层遮阴Ⅲ处理达最小值，全光照(CK)和一层遮阴Ⅰ相差不大，虽然CK的WUE相对较高，但是其光合速率较低，所以有机物的积累减少。

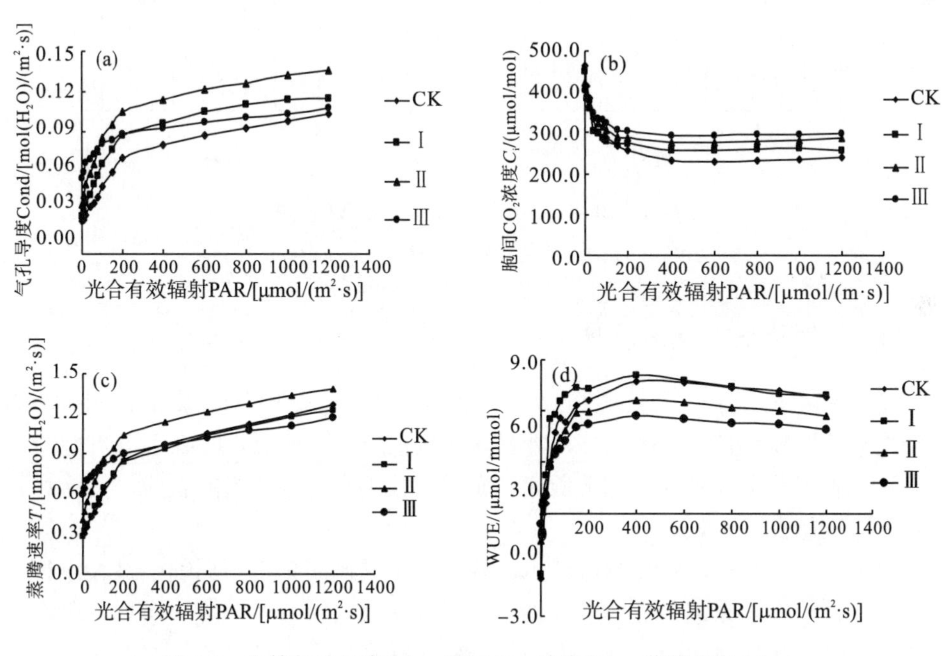

图3.5　白簕气孔导度(a)、胞间 CO_2 浓度(b)、蒸腾速率(c)、水分利用率(WUE)(d)光合曲线

5)遮阴对白簕叶绿素荧光的影响

如图3.6所示，遮阴后白簕叶片的初始荧光(F_o)、最大荧光(F_m)、F_v/F_m、F_v/F_o 变化趋势一致，均随着遮阴度的增加先上升，在三层遮阴时下降，但总体来说遮阴后的初始荧光(F_o)、最大荧光(F_m)、F_v/F_m、F_v/F_o 均显著高于全光照(CK)(P<0.05)，遮阴各处理间无显著差异。遮阴(Ⅰ、Ⅱ、Ⅲ)导致PSⅡ最大光化学量子

产量(F_v/F_m)小幅度增加，相对于全光照分别增加了 4.01%、4.14%、3.74%。遮阴(Ⅰ、Ⅱ、Ⅲ)下白芨的潜在活性 F_v/F_o 也显著高于全光照(CK)，分别增加了 17.59%、18.53%、16.38%。

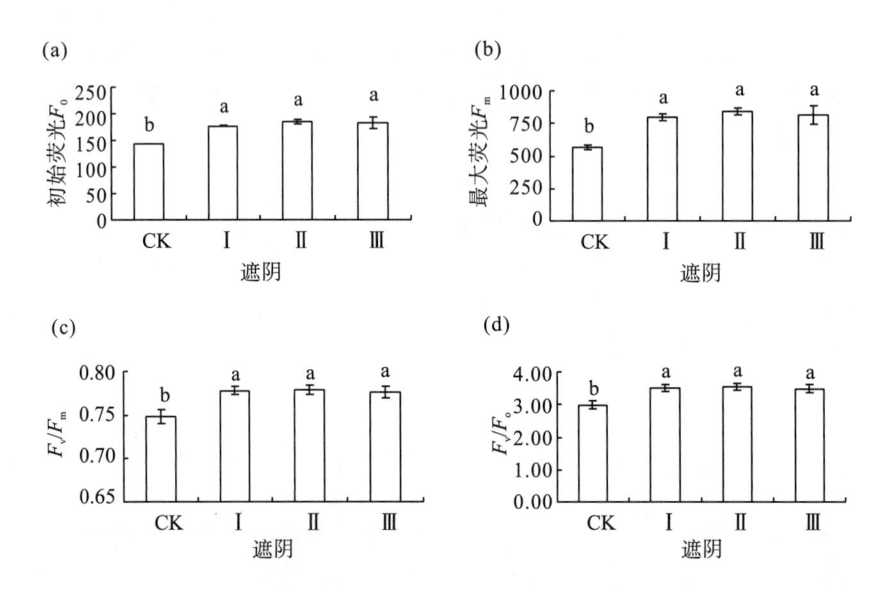

图 3.6 遮阴对白芨叶绿素荧光参数的影响

图中不同小写字母表示在 $P<0.05$ 水平上差异显著

4. 白芨的光合生理特性

遮阴环境下，白芨叶片的总叶绿素(叶绿素 a+叶绿素 b)、叶绿素 a、叶绿素 b 含量均显著提高，且遮阴度越高，叶绿素含量也越高，相反，叶绿素 a/叶绿素 b 值却随遮阴度升高而降低。综上所述，光照太强不利于叶绿素的合成，白芨对弱光环境适应能力比较强。

通过对白芨叶片进行光响应分析，找出了不同遮阴条件下白芨的最大净光合速率、光补偿点、光饱和点、表观量子效率等参数。随着遮阴度的增加，白芨叶片的光补偿点和光饱和点降低，表观量子效率升高，最大净光合速率在两层遮阴Ⅱ处理下最大。分别对不同遮阴环境下各项光合指标进行相关性分析表明，净光合速率对蒸腾速率、胞间 CO_2 浓度、气孔导度及水分利用率都有影响。综上所述，遮阴Ⅱ有利于提高白芨叶片的光合效率和有机物积累。

最大荧光(F_m)在全光照(CK)最低(568.74)，且显著低于遮阴处理，而在遮阴处理中，遮阴Ⅱ下最高，其值为 840.84。PSⅡ原初光能转换效率(F_v/F_m)在全光照(CK)下最低，其值为 0.748，在两层遮阴Ⅱ达最高，其值为 0.779。因此除了全光照(CK)外，遮阴环境下白芨叶片的 PSⅡ原初光能转换效率(F_v/F_m)均介于 0.75～

0.85，说明白簕在全光照(CK)下受到明显的光抑制。说明在白簕生长期间降低光强，其光合作用的能力得到加强，从而使白簕幼苗在遮阴环境下可以维持较高的光合速率，这也是同一种植物在不同的遮阴环境下表现出来的适应。

3.2　酸雨胁迫下的白簕生理生态研究

3.2.1　酸雨对药用植物的影响

酸雨是指 pH 小于 5.6 的大气降雨，酸雨已成为全球重要的环境问题之一，也是我国严重的环境生态问题之一，我国的酸雨区主体位于长江以南的广大地区。实际上我国的酸雨区基本是白簕的主要分布区域。因此，通过模拟酸雨环境研究白簕的生理特性十分必要。目前世界上关于酸雨对植物影响的研究主要集中在其生长及生理生化方面。例如，在酸雨胁迫下，植物的株高及基径的生长将会受到不同程度的影响，生物量和叶面积也会受到影响[106]；酸雨还会改变植物体内酶的活性，从而影响植物正常的光合生理功能，同时酸雨影响植物叶片叶绿素含量，此外，酸雨还能通过影响气孔开闭状况来影响植物的呼吸和蒸腾作用，通过改变光合电子传递来影响光合速率，影响光合产物的运输和积累，从而对植物造成不同程度的伤害[107]。有关酸雨对植物影响的研究，大多以农作物、蔬菜类、部分经济作物和森林树种为研究对象，而对药用植物特别是白簕的研究甚少。迄今为止，有关酸雨胁迫条件下白簕酶活性、叶绿素含量变化和光合生理状况未见报道。因此，本书总结了袁远爽等[107]模拟酸雨对白簕抗氧化酶活性及叶绿素荧光参数的影响。

3.2.2　模拟酸雨对白簕生理特性的影响

1. 模拟酸雨对白簕生理特性影响的试验过程

1) 酸雨喷施方法

选择生长良好、高矮一致的白簕幼苗移栽于塑料盆中(盆高 30cm、内径 20cm)，取当地的黄壤土作为栽培土壤，经测定 pH 为 6.95，每盆 2 株，在缓苗期间，用自来水浇灌。每隔 3d 喷洒一次，每次均以叶片滴液为度，喷淋时间一致(16:30～17:30)。所配制的酸雨中 H_2SO_4∶HNO_3∶HCl=5∶1∶0.36，用 98%的浓硫酸、100%的浓硝酸和 37.5%的浓盐酸配置成酸原液，用 SH-4 型酸度计配成 pH 为 5.6、4.0、3.0 和 2.0 4 个梯度的模拟酸雨，并以 pH 5.6 的蒸馏水为对照(CK)。酸雨喷施期间用塑料大棚遮挡自然降雨，采用一层遮阳网覆盖，但不影响植物的正常生长。

2）项目测定

丙二醛（MDA）含量的测定采用硫代巴比妥酸（TBA）比色法[108]。叶绿素含量参照 Arnon 和 Whatley[109]的方法测定。超氧化物歧化酶（SOD）活性的测定采用 NBT 光氧化还原法[110]。过氧化物酶（POD）活性的测定采用愈创木酚法[111]。抗坏血酸过氧化物酶（APX）活性的测定采用 Nakano 和 Asada[112]的方法。

选择晴朗天气于上午 9:00～11:00 用美国 LI-COR 公司生产的 LI-6400 型便携式光合仪测定，选取植株中上部（从上往下第 3 片）完全展开叶的中部位置，测定前先对白簕成熟叶片进行至少 30min 光诱导，测定时使用红蓝光源控制光强，光照强度设置为 800μmol/$(m^2 \cdot s)$，CO_2 浓度设置为 380μmol/$(m^2 \cdot s)$。测定指标包括净光速率（P_n）[μmol（CO_2）/（$m^2 \cdot s$）]、气孔导度（G_s）[mol（H_2O）/（$m^2 \cdot s$）]、胞间 CO_2 浓度（C_i）[μmol/mol]、蒸腾速率（T_r）[mmol（H_2O）/（$m^2 \cdot s$）]，重复 3 次，并计算水分利用率[WUE（μmol/mmol）=P_n/T_r]和气孔限制值（L_s）（%）=$1-C_i/C_a$（C_a 为空气中的 CO_2 浓度）。

选择晴朗天气用便携式调制叶绿素荧光仪（Germany，Walz，PAM-2100）进行测定。测量时选取植株中上部（从上往下第 3 片）完全展开叶的中部位置，用暗适应夹先对叶片黑暗处理 20min 后测定各项荧光指标。每个处理随机选 5 株，每株测 1 片叶，测定叶片荧光诱导动力学曲线及有关参数 PSⅡ的非环式电子传递的量子效率（Φ_{PSII}）、PSⅡ最大光化学量子产量（F_v/F_m）、PSⅡ的潜在活性（F_v/F_o）、光化学猝灭系数（qP）和非光化学猝灭系数（qN）。

所有数据采用 Excel 2003 整理，采用 SPSS 19.0 统计分析软件进行数据分析，平均值之间的比较采用单因素方差分析（One-way ANOVA），采用 Duncan 法判断各处理间是否有显著差异，在数据分析前，对所有数据进行正态性与齐性检验，用 SigmaPlot 12.0 软件作图。

2. 试验结果

1）模拟酸雨对白簕丙二醛含量，SOD、POD 和 APX 活性的影响

如图 3.7（a）所示，随着酸雨 pH 的减小，白簕叶片丙二醛（MDA）含量呈逐渐增加的趋势。与对照相比，pH 4.0 和 pH 3.0 处理叶片 MDA 含量增加，但差异不显著（$P>0.05$）；酸雨酸度达 pH 2.0 时 MDA 含量则显著增加（$P<0.05$），与 pH 5.6 相比增加了 30.6%，这与酸雨造成植物的表观伤害对植物的响应相吻合。由图 3.7（b）可知，随着模拟酸雨 pH 的降低，白簕叶片的 SOD 活性逐渐降低，和对照相比，差异显著（$P<0.05$）。而 POD 活性逐渐升高，在 pH 2.0 处理时显著高于对照（$P<0.05$），表明 POD 在白簕抗氧化代谢方面可能起主要作用［图 3.7（c）］。而 APX 活性则呈先升高后降低的趋势［图 3.7（d）］，在 pH 2.0 酸雨处理时又逆转增加，这说明其可能已经代谢紊乱。

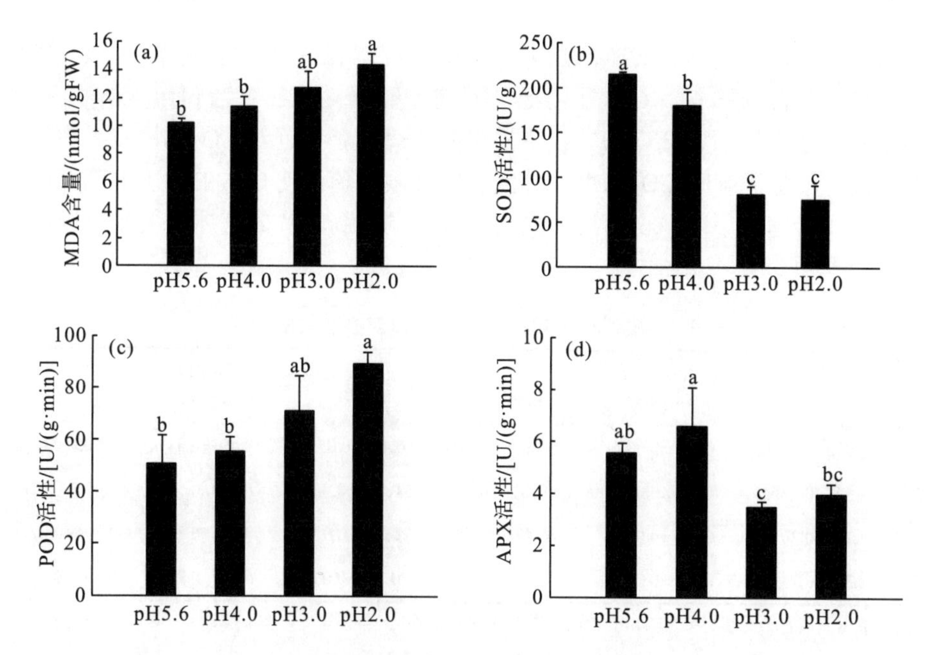

图 3.7　模拟酸雨对白簕 MDA 含量，SOD、POD 和 APX 活性的影响

图中不同小写字母表示在 $P<0.05$ 水平上差异显著

2）模拟酸雨对白簕叶片叶绿素含量的影响

叶绿素在光合作用中对光能的吸收、传递及光化学反应起着非常重要的作用。从表 3.6 可以看出，叶片的总叶绿素含量随着模拟酸雨 pH 的降低呈先升高后降低的趋势，经 pH 4.0、3.0 和 2.0 的模拟酸雨处理后，叶片的叶绿素含量均高于对照，且经 pH 4.0 的酸雨处理后的总叶绿素含量最高，和对照相比差异显著（$P<0.05$）。叶绿素 a 和叶绿素 b 的变化趋势和总叶绿素变化趋势基本一致，但叶绿素 b 的增幅略大于叶绿素 a，说明适度酸雨有利于叶绿素的合成。

表 3.6　模拟酸雨对白簕叶绿素含量的影响

pH	叶绿素含量 a/(mg/g)	叶绿素含量 b/(mg/g)	叶绿素 a/叶绿素 b/%	总叶绿素含量/(mg/g)
5.6	3.331±0.119b	0.633±0.123b	6.058±0.879a	3.964±0.173b
4.0	4.352±0.139a	1.009±0.146a	4.763±0.649a	5.362±0.266a
3.0	4.065±0.243a	0.738±0.088ab	5.962±0.832a	4.981±0.273a
2.0	3.510±0.125b	0.669±0.098ab	5.953±1.022a	4.179±0.220b

注：同列数据凡具有不同小写字母（a、b）者表示在 $P<0.05$ 水平上差异显著

3）模拟酸雨对白簕叶片气体交换参数的影响

在同一光合有效辐射[800μmol/(m²·s)]下，pH 4.0 的模拟酸雨使白簕幼苗的 P_n 高于对照，pH 2.0 的显著低于对照，说明轻度酸雨有利于提高白簕的净光合速

率，而重度酸雨则能抑制其净光合速率；T_r和 WUE 的变化趋势与 P_n一致，模拟酸雨处理均使白簕的 G_s、C_i高于对照，而使 L_s低于对照，且当 pH<4.0 时，P_n、T_r和 WUE 均低于对照(表 3.7)，说明模拟酸雨降低了白簕对 CO_2的固定，增大了气孔导度，增加了胞间 CO_2浓度，降低了气孔限制值，使 CO_2的利用率降低，最终导致净光合速率下降，说明模拟酸雨通过影响白簕叶片的气体交换参数进而影响其光合作用。

表 3.7 模拟酸雨对白簕叶片气体交换参数的影响

pH	P_n/[μmol (CO_2) /(m^2·s)]	G_s/[mol (H_2O) /(m^2·s)]	C_i/ (μmol/mol)	T_r/[mmol (H_2O) /(m^2·s)]	WUE/ (μmol/mmol)	L_s/%
5.6	3.955±0.356b	0.035±0.003b	185.128±6.791c	0.460±0.037ab	8.493±0.311a	0.505±0.018a
4.0	4.364±0.372a	0.049±0.005a	210.389±10.457b	0.552±0.057a	8.678±0.599a	0.437±0.028b
3.0	3.166±0.205b	0.037±0.003b	226.422±7.508b	0.387±0.020b	8.166±0.308a	0.396±0.020b
2.0	2.331±0.135c	0.036±0.003b	251.667±5.392a	0.371±0.032b	6.283±0.260b	0.333±0.014c

注：同列数据凡具有不同小写字母(a、b)者表示在 P<0.05 水平上差异显著

4)模拟酸雨对白簕叶绿素荧光参数的影响

叶绿素荧光参数反映 PSⅡ反应中心最大光化学量子产量，其变化程度可用来鉴别植物抵抗逆境胁迫的能力。从表 3.8 可以看出，随着模拟酸雨 pH 的降低，F_v/F_m和 F_v/F_o均呈先上升后下降的趋势，pH 4.0 的模拟酸雨处理使 F_v/F_m和 F_v/F_o上升，而 pH 3.0 和 pH 2.0 的酸雨处理均使其下降，其中 pH 2.0 的模拟酸雨使其明显下降，和对照相比有差异但不显著(P>0.05)，其值分别下降了 1.61%和 6.56%。

表 3.8 模拟酸雨对白簕叶绿素荧光参数的影响

pH	F_v/F_m	F_v/F_o	Φ_{PSII}	qP	qN
5.6	0.809±0.003ab	4.255±0.076ab	0.103±0.010a	0.210±0.021a	1.989±0.040a
4.0	0.813±0.002a	4.362±0.065a	0.094±0.007ab	0.186±0.015ab	2.034±0.053a
3.0	0.808±0.001ab	4.202±0.027ab	0.076±0.004b	0.144±0.008b	2.138±0.025a
2.0	0.796±0.018b	3.976±0.414b	0.081±0.005ab	0.157±0.001b	2.094±0.143a

注：同列数据凡具有不同小写字母(a、b)者表示在 P<0.05 水平上差异显著

Φ_{PSII}是 PSⅡ非环式电子传递的量子效率，反映了 PSⅡ反应中心在环境胁迫中有部分关闭情况下的实际原初光能捕获效率，也是实际的 PSⅡ反应中心进行光化学反应的效率，从表 3.8 可以看出，经过酸雨处理后白簕的 PSⅡ的实际光化学量子产量随着模拟酸雨 pH 减小而减小，pH 3.0 时达最小值，与对照相比差异显著(P<0.05)，经 pH 2.0 酸雨处理后的 Φ_{PSII}有回升的趋势，说明白簕对 pH 3.0 模拟酸雨处理最为敏感，受害最为严重。

模拟酸雨处理下白簕叶片荧光猝灭呈不同的变化趋势，*qP* 总体呈下降趋势，*qN* 总体呈上升趋势，但在 pH 2.0 酸雨处理下均有逆转现象(表 3.8)。经 pH 4.0、3.0 和 2.0 的酸雨处理后，*qP* 分别比对照下降了 11.43%、31.43%和 25.24%，而 *qN* 分别比对照增加了 2.26%、7.49%和 5.28%。

3. 酸雨对白簕的影响

丙二醛(MDA)是膜脂过氧化物，其含量可以表示细胞膜损伤程度。本研究表明，随着酸雨强度的增加，白簕叶片 MDA 的含量呈逐渐上升的趋势，在 pH 3.0 前变化幅度不大，说明低酸度酸雨对白簕叶片膜脂过氧化作用的影响不明显，细胞膜损伤程度不严重，当酸雨酸度达 pH 2.0 时，MDA 含量则大幅度增加，说明高强度酸雨显著促进了白簕幼苗叶片膜脂过氧化作用，严重损伤了细胞膜，破坏了膜系统。本研究中，随着酸雨酸度的增加，叶片膜脂过氧化作用加剧，而膜脂过氧化加强的主要原因之一是酸雨破坏了膜保护酶活性。

SOD 能通过歧化反应使 O_2^- 转变为 O_2 和 H_2O_2，H_2O_2 又会被 POD、CAT 和 APX 等酶进一步分解为 H_2O 和 O_2，因此 SOD、APX 和 POD 是植物体内重要的抗氧化酶，是清除自由基的重要物质，在降低 H_2O_2 对植物细胞产生氧化损伤方面起关键作用。本研究发现随着模拟酸雨 pH 的降低，白簕叶片的 SOD 活性逐渐下降。APX 活性在 pH 4.0 处理高于对照，这和 Koricheva 等于 1997 年的研究结果类似，但 pH 3.0 和 pH 2.0 处理却低于对照。王建华和徐同的研究表明酸雨主要是通过增加 O_2^- · 和 HO · 来启动或加强膜脂过氧化作用的，而 SOD 和 APX 活性的下降导致 O_2^- · 和 H_2O_2 等主要活性氧物质的清除能力下降，使活性氧含量相对过剩，从而对植物生长造成不利影响。而 POD 活性随着模拟酸雨 pH 的降低而逐渐升高，表明 POD 在白簕抗氧化代谢方面可能起主要作用。

叶绿素可以将捕获的光能转化为化学能，在植物进行光合作用的过程中起着非常重要的作用，其含量受各种胁迫条件的影响。关于酸雨对植物叶绿素含量的影响，目前认识尚不一致，齐泽民和钟章成[113]认为随着酸雨浓度的不断增大，杜仲叶片叶绿素含量逐渐降低。侯维和潘远智[114]研究发现随着酸雨浓度的不断增大，勋章菊叶片叶绿素 a 降解速率大于叶绿素 b。而殷秀敏等[115]对木荷叶片的研究则表明高强度的酸雨严重抑制了叶绿素的形成。本研究表明，随着模拟酸雨的增强，白簕叶片叶绿素含量呈先升高后降低的趋势，但各处理都比对照高。这可能是增加了酸雨中 NO_3^- 的含量，使叶绿素合成的速率超过其被降解的速率。

白簕幼苗光合特性随着模拟酸雨浓度的增加受到的影响不一致。pH 4.0 酸雨处理提高了白簕幼苗的光合能力，原因可能是白簕在 pH 4.0 酸雨处理下抑制了膜脂过氧化作用，使叶绿素含量显著增加，从而有利于其更好地捕获光能进行光合作用，当 pH＜4.0 时，随着模拟酸雨浓度的增加，净光合速率下降幅度增大，经 pH 2.0 酸雨处理后白簕幼苗的净光合速率显著低于对照，这是因为模拟酸雨可能会从两个方面对白簕叶片造成伤害：一是酸雨中 H^+能降低细胞内酶系统的活性，从而抑制光合作用，本研究中 pH 3.0 和 2.0 酸雨均使 SOD 和 APX 的活性低于对照；二是高强度的酸雨溶液使叶片细胞脱水，引起低水势的水分胁迫，导致净光合速率的下降。

在众多荧光参数中，高的 F_v/F_m、F_v/F_o 和 Φ_{PSII}值已基本被公认为是叶片高光合效率的重要依据，且不少研究指出 F_v/F_m、F_v/F_o 和 Φ_{PSII}有很好的一致性。本研究发现，Φ_{PSII}、F_v/F_m 和 F_v/F_o 表现也基本一致。F_v/F_m、F_v/F_o、Φ_{PSII}可作为植物受到胁迫的重要指标，能进一步解释光合变化，且逆境胁迫的轻重与 F_v/F_m、F_v/F_o 参数值之间存在正相关关系，可作为植物抗逆指标。本研究中，随着模拟酸雨酸度的增加(pH 5.6～3.0)，Φ_{PSII}和 qP 逐渐下降，qN 逐渐上升。pH 4.0 酸雨显著增加了 F_v/F_m 和 F_v/F_o 值，这与李佳等[116]的研究结果一致，反映 pH 4.0 酸雨使白簕 PSⅡ的原初光能转换效率和潜在活性在酸雨胁迫下增加。

综上所述，pH 4.0 的酸雨处理有利于白簕幼苗的生长，表明白簕幼苗喜欢生活在微酸环境中，这正好与野外土壤调查结果相似(土壤 pH 约为 4.67)，但是随着酸雨酸度的增加，出现了强烈的抑制作用，可作为白簕生产栽培的科学依据之一。从全国降水酸度(pH)变化特征来看，虽然以西南部的四川、贵州为主体的极强酸雨区(年均降水 pH 小于 4.0)逐渐消失，但华东、华中和华南中部如湖南、广东和江西等地区酸雨强度还会进一步加强，这些地区的白簕必定会遭受酸雨污染，应引起足够的重视。

3.3 白簕愈伤组织的培养及条件优化

3.3.1 白簕愈伤组织的培养

在白簕组培研究中，虽然诱导率较高，但是在继代增殖过程中，会出现严重的褐化现象，使愈伤组织受毒害而死亡。本书以白簕叶片为外植体，诱导出的愈伤组织作为研究对象，探索出合理的继代愈伤组织的激素组合，培养出生长状态良好的愈伤组织，为利用植物组织培养法和细胞培养法生产药用成分提供优质的组培材料，为进一步探讨细胞培养，筛选增殖快、药用有效成分含量高的细胞系奠定基础。本书对腋芽和顶芽进行诱导，生成丛生芽，通过不同激素的配比促进丛生芽的增殖，并诱导生根。探讨出适宜的培养基，为白簕快速繁殖提供参考。

3.3.2 愈伤组织诱导及继代培养

1. 白簕愈伤组织诱导及继代培养试验过程

1) 愈伤组织的诱导

幼叶外植体在自来水冲洗 3～4h，然后在超净工作台上先用 0.1%升汞溶液消毒 90s，再用 2%次氯酸钠溶液消毒 1min，其间不断摇动。取出后用无菌水冲洗 6～8 次，用无菌滤纸吸去表面水珠，叶片切成 5mm×5mm，培养在附加 2,4-D 1.0mg/L+6-BA 1.0mg/L 组合的 MS 培养基上(pH=6.0)，接种 100 瓶，每瓶 4 个外植体，重复 3 次。培养温度为(24±1)℃，光强为 1000～1500Lx，时间为 14h/d 的人工气候箱中。20d 后观察结果，统计出愈率。

2) 愈伤组织的继代培养

将初代培养得到的愈伤组织，分割成 $1cm^3$ 的愈伤组织团，接种到添加不同浓度的 6-BA(0.2mg/L、0.4mg/L、0.6mg/L、0.8mg/L)和 2,4-D(0.5mg/L、1.0mg/L、1.5mg/L、2.0mg/L)交叉试验的 16 种组合的培养基上。每个处理 10 瓶，每瓶 3～4 个愈伤组织团。分别置于黑暗和光照中培养(光照强度为 1000～1500Lx，时间为 14h/d)。观察统计不同激素组合中愈伤组织的颜色、质地、生长情况和褐变数据。

3) 白簕芽诱导分化

腋芽茎段和茎尖在自来水中冲洗 3～4h，然后在超净工作台上腋芽茎段先用 0.1%升汞消毒 2min，再用 2%次氯酸钠溶液消毒 1min；茎尖先用 0.1%升汞消毒 1min，再用 2%次氯酸钠溶液消毒 30s 后，剪成 $1cm^3$ 的小块，接种于每升含有蔗糖 30g，琼脂 6.5g，pH 6.0 的培养基中，放置于培养温度为(24±1)℃，光照强度为 1000～1500Lx，时间为 14h/d 的人工气候箱中。

在基本培养基 MS 中添加激素 6-BA 的浓度分别为 0.00mg/L、0.10mg/L、0.30mg/L、0.50mg/L，KT 的浓度分别为 0.05mg/L、0.10mg/L、0.50mg/L、0.75mg/L，NAA 的浓度分别为 0.05mg/L、0.10mg/L、0.15mg/L、0.20mg/L，进行正交试验(表 3.9)。将培养 5d 后无菌的腋芽茎段和茎尖转移到正交的培养基上，10d 后观察结果，并计算出芽率。

出芽率=生长丛生芽的外植体数/接种的外植体数×100%

表 3.9 不同浓度激素配比对白簕芽诱导分化影响设计

水平	因素		
	A 6-BA/(mg/L)	B KT/(mg/L)	C NAA/(mg/L)
1	0.00	0.05	0.05
2	0.10	0.10	0.10
3	0.30	0.50	0.15
4	0.50	0.75	0.20

4) 丛生芽增殖

无菌操作下将丛生芽接入继代培养基中。在基本培养基 MS 中添加不同浓度的激素 6-BA（0.5mg/L、1.0mg/L、1.5mg/L、2.0mg/L）和 NAA（0.1mg/L、0.2mg/L），进行交叉试验。

5) 生根培养基的筛选

植物的生根多数都是用生长素单独完成的，IBA 有很好的生根作用。五加科植物很多都是采用 IBA 生根。本试验采用基本培养基 MS 添加 0.0mg/L、0.2mg/L、0.4mg/L、0.6mg/L、0.8mg/L、1.0mg/L 的 IBA 进行生根试验。

2. 试验结果

1) 白簕初代培养中愈伤组织诱导

试验发现，外植体植入 7d 后，叶片开始卷曲。14d 后，外植体伤口处开始膨大，并出现淡绿色愈伤组织。接种 25d 后，培养基中的愈伤组织大量生长。出愈率达 92.1%。

2) 光照对愈伤组织诱导及增殖生长的影响

白簕幼叶在光照和黑暗条件下都能诱导出愈伤组织，光照条件下比黑暗条件下愈伤组织的诱导率高，出愈时间短，且出愈量多、质地佳。在以后继代培养时发现，在黑暗条件下的愈伤组织生长缓慢，甚至停止生长，并逐渐褐化死亡；而在光照条件下的愈伤组织生长较快。因此，选择光照条件下诱导愈伤组织对以后继代增殖和保存愈伤组织十分有利。

3) 不同激素浓度及配比对继代愈伤组织的影响

试验结果表明，初代白簕愈伤组织在植物生长调节剂 6-BA 和 2,4-D 不同浓度及配比进行交叉试验中，继代的愈伤组织生长情况具有一定的差异性。16 种组合中，以添加 2,4-D 1.0mg/L+6-BA 0.8mg/L 组合的培养基中愈伤组织生长最好，接种 10d 后愈伤组织生长旺盛，黄绿色，疏松，试验后期褐化率很小，仅 1.58%（表 3.10）。因此选择 2,4-D 1.0mg/L+6-BA 0.8mg/L 作为白簕愈伤组织继代培养的最佳激素组合。从表 3.10 可见，提高 2,4-D 浓度会加重愈伤组织褐化。从 16 种组合对应的褐化率来看，在 6-BA 一定时，高浓度 2,4-D 会使白簕愈伤组织产生褐化。在培养 30d 左右，少数愈伤组织团因营养物质耗竭有玻璃化的倾向。因此，为了保持愈伤组织生长的良好状态，选择 20～25d 继代一次。

表 3.10 不同激素浓度及配比对白簕继代愈伤组织的影响

试验组	6-BA/(mg/L)	2,4-D/(mg/L)	出愈量	愈伤组织颜色、质地	褐化率/%
1	0.2	0.5	+	浅绿色，疏松	8.9
2	0.2	1.0	++	黄绿色，致密	16.2
3	0.2	1.5	+++	黄绿色，水浸	37.9

续表

试验组	6-BA/(mg/L)	2,4-D/(mg/L)	出愈量	愈伤组织颜色、质地	褐化率/%
4	0.2	2.0	+++	黄褐色，坚硬	33.7
5	0.4	0.5	+	浅绿色，疏松	8.2
6	0.4	1.0	++	浅绿色，疏松	8.9
7	0.4	1.5	++++	黄绿色，坚硬	53.6
8	0.4	2.0	+++	黄褐色，致密	37.8
9	0.6	0.5	+	浅绿色，疏松	21.3
10	0.6	1.0	+++	黄绿色，致密	11.2
11	0.6	1.5	++	黄褐色，坚硬	53.8
12	0.6	2.0	+++	黄褐色，坚硬	57.3
13	0.8	0.5	++	淡绿色，致密	5.4
14	0.8	1.0	++++	黄绿色，疏松	1.58
15	0.8	1.5	++	黄绿色，水浸	31.7
16	0.8	2.0	++	浅褐色，坚硬	35.4

注：+、++、+++、++++分别表示出愈量很少、少、多和较多

4) 白簕芽诱导试验结果

将白簕带腋芽的茎段和茎尖接种在表 3.11 不同组合的培养基中，12d 后分化生长，15d 后腋芽长出嫩绿色的小芽，随着时间的推移，出芽的数目不断增多。20d 左右，培养基中有新嫩的叶片出现，叶片颜色新绿。从表 3.11 极差 R 分析表明，三因素影响白簕芽诱导出芽率的主次关系是：6-BA＞NAA＞KT。从试验结果可以确定，白簕芽诱导的最佳培养基添加 6-BA 的浓度为 0.1mg/L、KT 的浓度为 0.1mg/L、NAA 的浓度为 0.05mg/L。平均每株外植体的出芽数均在 3 以上，最高出芽数达到 6，这表明培养基配比对白簕芽诱导起明显作用。

表 3.11　丛生芽诱导培养基正交试验结果

试验组	A	B	C	接种块/个	长出芽的外植体数/个	反应外植体平均芽数/个	出芽率/%
1	1	1	1	45	38	4.2±0.3	84.44
2	1	2	2	46	40	4.5±0.2	86.96
3	1	3	3	45	40	4.6±0.2	88.89
4	1	4	4	45	37	4.1±0.1	82.22
5	2	1	2	46	39	3.8±0.2	84.78
6	2	2	1	48	46	5.3±0.1	95.83
7	2	3	4	46	35	3.9±0.1	76.09
8	2	4	3	44	36	3.8±0.2	81.82

续表

试验组	A	B	C	接种块/个	长出芽的外植体数/个	反应外植体平均芽数/个	出芽率/%
9	3	1	3	45	35	3.5±0.1	77.78
10	3	2	4	46	33	3.4±0.2	71.74
11	3	3	1	42	31	3.7±0.1	73.81
12	3	4	2	43	32	4.3±0.2	74.42
13	4	1	4	44	32	3.6±0.1	72.73
14	4	2	3	39	35	5.1±0.1	89.74
15	4	3	2	45	36	4.8±0.1	80.00
16	4	4	1	41	34	4.7±0.2	82.93
K_1	85.63	79.93	84.25				
K_2	84.63	86.07	81.54				
K_3	74.44	79.70	84.56				
K_4	81.35	80.35	75.70				
R	11.19	6.37	8.86				

5）激素组合对丛生芽增殖的影响

当初代诱导丛生芽长到2cm左右时，将其切分成单芽，接种到增殖培养基中进行增殖培养，18d后在节间处出现一个个小突起，35d后长成丛生芽。从表3.12可以看出，在一定NAA浓度下，随着6-BA浓度的增加，丛生芽增殖系数增高；当6-BA为1.5mg/L时，增殖系数可达4.0；当6-BA浓度为2.0mg/L时，增殖反而受到抑制，同时叶片出现枯黄。用0.5～1.5mg/L 6-BA、0.2mg/L NAA的增殖效果比较好，但NAA浓度上升到0.4mg/L时，诱导率下降导致增殖系数降低，苗细弱，叶色黄。综上所述，在丛生芽继代增殖培养基中，以6-BA 1.5mg/L+NAA 0.2mg/L组合的效果较优，丛生芽增殖系数较高，芽健壮，叶片颜色翠绿。

表3.12 激素组合对白簕丛生芽增殖的影响

6-BA/(mg/L)	NAA/(mg/L)	接种数/个	萌芽数/个	诱导率/%
0.5	0.1	30	6	20.00
1.0	0.1	30	11	36.67
1.5	0.1	30	16	53.33
2.0	0.1	30	5	16.67
0.5	0.2	30	7	23.33
1.0	0.2	30	13	43.33
1.5	0.2	30	19	63.33
2.0	0.2	30	8	26.67

6）生根培养基的筛选

选择株高适中，长势良好的继代单芽40株，分别接入添加不同浓度IBA的1/2MS培养基中，培养1～2个月进行观察，试验结果见表3.13，白簕生根率与IBA浓度在一定范围内呈现正相关关系，IBA浓度在较低范围内（0～0.6mg/L）时，白簕的生根率随浓度的增加而升高，当IBA浓度为0.6mg/L时，平均根数最多，且根萌动的时间较短，生根率最高。IBA浓度高于0.6mg/L时，对生根出现了一定的抑制情况，生根率下降，苗出现黄化现象。由此可以看出，IBA的浓度对白簕生根率有一定的影响。

表3.13 不同浓度的IBA对白簕生根的影响

IBA/（mg/L）	萌动时间/d	平均根数/条	生根率/%
0.2	52±2	1.5±0.2	25.12
0.4	40±2	2.0±0.1	32.56
0.6	35±3	3.1±0.2	39.12
0.8	32±2	2.1±0.1	28.31
1.0	45±3	1.9±0.2	19.23

3. 白簕愈伤组织最优培养基及培养环境

在白簕愈伤组织继代培养过程中，愈伤组织在激素组合2,4-D 1.0 mg/L+ 6-BA 0.6mg/L的MS培养基中生长速度快，状态良好，避免了白簕愈伤组织继代中高褐化的问题。光照和适宜的温度（24℃）有利于诱导和增殖愈伤组织。白簕芽诱导的最佳培养基是MS+6-BA 0.1mg/L+KT 0.1mg/L+NAA 0.05mg/L，芽诱导率最高达95.83%。促进白簕继代芽生根比较有效的培养基是1/2MS+IBA 0.6mg/L，生根率达39.12%。

3.4 发根农杆菌对白簕外植体生理生化特性的影响

3.4.1 发根农杆菌对植物的影响

发根农杆菌感染植物细胞并介导Ri-DNA转移是一个极其复杂的过程，包含农杆菌、植物之间的相互作用[117]。农杆菌对植物细胞而言也是一种病原微生物，当发根农杆菌感染植物细胞时，植物会相应地改变它们的基因表达以响应发根农杆菌的侵染，与此同时，发根农杆菌也能引发植物的防御反应体系[118]。感染植物细胞中的生理生化特性是决定发根农杆菌转化能否成功的重要因素。因此，以发根农杆菌侵染过程中外植体生理生化特性的变化作为研究对象，为选择培养适宜时间提供依据，并为今后能成功转化出白簕毛状根提供参考。

3.4.2 白簕发根农杆菌感染试验

1. 发根农杆菌的感染

采集白簕幼叶、茎段，按白簕愈伤组织培养的消毒方法，接种在添加 0.1mg/L NAA 的 MS 培养基上培养 5d，得到无菌叶片和茎段。白簕愈伤组织外植体选自本实验诱导的继代多次状态良好的白簕愈伤组织。

将低温保存的发根农杆菌菌株 ATCC15834 在 28℃下 YEB 液体培养基中活化 2d 以后，在含有 200mg/L 卡拉霉素(Kan)的 YEB 固体培养基上划线培养，长出菌落后，挑取单菌落接种于添加 200mg/L Kan 的 YEB 液体培养基中，28℃下 180r/min 振荡培养 24h。再吸取 200μl 的菌液接种于附加 200mg/L Kan 的 YEB 液体培养基中，28℃ 180r/min 振荡培养 24h。用液体 MS 培养基稀释菌液，使菌液的 OD_{600} 等于 0.55。

将无菌白簕叶片和愈伤组织切成 0.5cm×0.5cm，无菌茎段切成 0.5cm。放入发根农杆菌 ATCC15834 菌液中浸泡 15min，用无菌滤纸吸干表面菌液，并转移至 MS 培养基中进行共培养，培养温度为(28±1)℃。处理组经发根农杆菌感染，而以未经感染的外植体进行平行操作，作为对照。分别在共培养 0d、1d、2d、3d 后取样，测定发根农杆菌感染后白簕外植体的生理生化特性变化。每个处理重复测定 3 次。

2. 生理生化指标的测定

分别测定发根农杆菌感染后白簕外植体可溶性蛋白含量、过氧化物酶(POD)和超氧化物歧化酶(SOD)活性、丙二醛(MDA)和脯氨酸(Pro)含量等生理生化指标。

3. 结果与分析

1)发根农杆菌感染后可溶性蛋白含量的变化

试验表明(图 3.8)，未感染的对照外植体中的可溶性蛋白含量较稳定，且不同外植体间的差异较小。发根农杆菌感染以后，白簕茎段、叶片和愈伤组织外植体的可溶性蛋白含量的变化很有规律，随着共培养天数的增加，其可溶性蛋白的含量均呈逐渐下降的趋势。其中，愈伤组织外植体可溶性蛋白含量的下降幅度最为明显。

2)发根农杆菌感染后 POD 活性变化

试验表明(图 3.9)，对照中的 POD 活性在培养开始时，3 种外植体存在较大的差异。对照茎段和叶片中的 POD 活性较高，分别为 823.4μg/(g FW·min)和

764.1μg/(g FW·min)；而愈伤组织中的 POD 活性仅为 453.6μg/(g FW·min)。在培养过程中，茎段、叶片和愈伤组织的 POD 活性均呈先下降后上升的趋势；感染的愈伤组织 POD 活性随共培养天数的增加，呈现显著上升的态势。

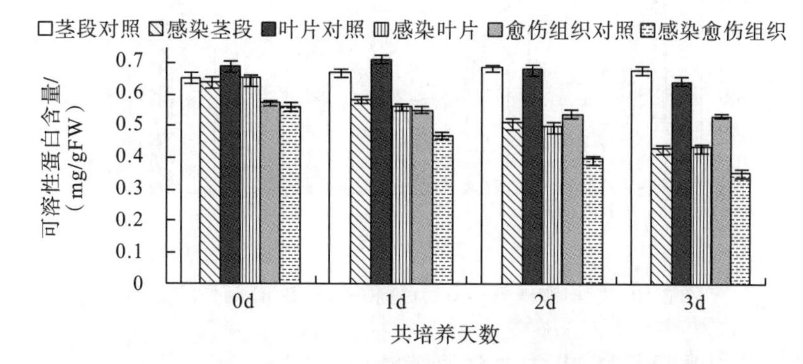

图 3.8　发根农杆菌感染后白簕外植体可溶性蛋白含量的变化

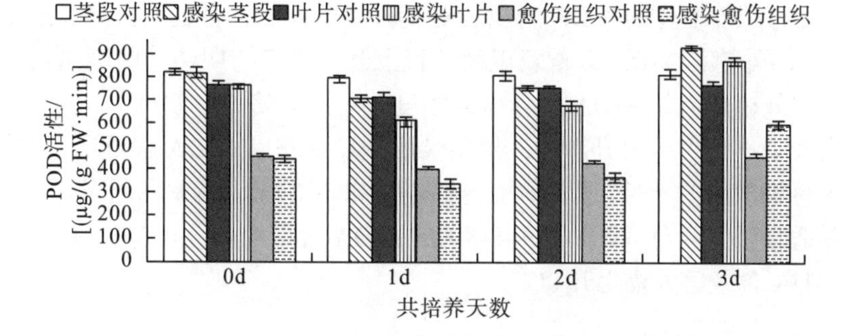

图 3.9　发根农杆菌感染后白簕外植体 POD 活性的变化

感染初期(0～1d)，3 种外植体茎段、叶片和愈伤组织外植体中 POD 活性下降。在感染中期(1～2d)，茎段、叶片和愈伤组织外植体中 POD 活性增速缓慢。在感染后期(2～3d)，POD 活性出现一次迅速升高。需注意的是，POD 活性增高缓慢的区段，正好处于共培养的适宜时间内(1～2d)。

3) 发根农杆菌感染后 SOD 活性的变化

结果表明(图 3.10)，试验初期，对照茎段和叶片外植体中的 SOD 活性较高且相差不大，分别为 647.3U/g FW 和 578.6U/g FW，而愈伤组织外植体的 SOD 活性较低，为 361.2U/g FW。在培养过程中，3 种外植体中的 SOD 活性总体表现为先降后升，但培养 3d 时的活性仍不及培养开始时。感染初期(0～1d)，茎段、叶片和愈伤组织外植体中的 SOD 活性下降。共培养 1～2d 时，SOD 活性上升缓慢。感染后期(2～3d)，SOD 活性出现一次迅速升高。由此可以看出，在共培养适宜时间内(1～2d)，外植体内的 SOD 活性均处于相对低值；而共培养 3d 时，SOD

活性大幅上升。

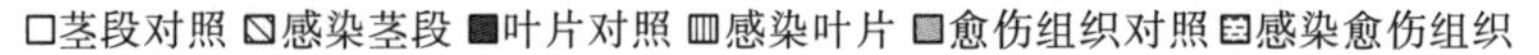

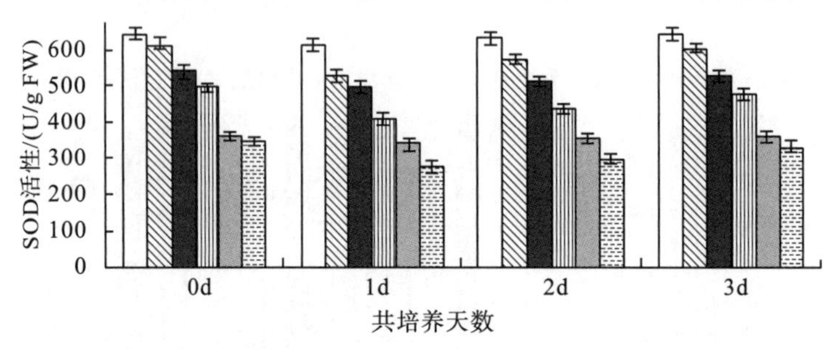

图 3.10 发根农杆菌感染后白簕外植体 SOD 活性的变化

4)发根农杆菌感染后 MDA 含量的变化

结果表明(图 3.11)，初期对照茎段和叶片外植体中的 MDA 含量低且相差很小，而愈伤组织外植体的 MDA 含量相对茎段和叶片的含量更低。在培养过程中，3 种受感染的外植体 MDA 含量表现为一直上升。感染初期(0～1d)，茎段、叶片和愈伤组织外植体中的 MDA 含量上升幅度较小。共培养中期(1～2d)，MDA 含量上升也较小，呈平缓上升态势。但感染后期(2～3d)，MDA 含量迅速升高，可能是随着感染时间的延长，膜系统受害逐渐加重，MDA 含量累积增多。由此可见，在共培养适宜时间内(1～2d)，外植体内的 MDA 含量均处于相对低值；而共培养 3d 时，MDA 含量已大幅上升。

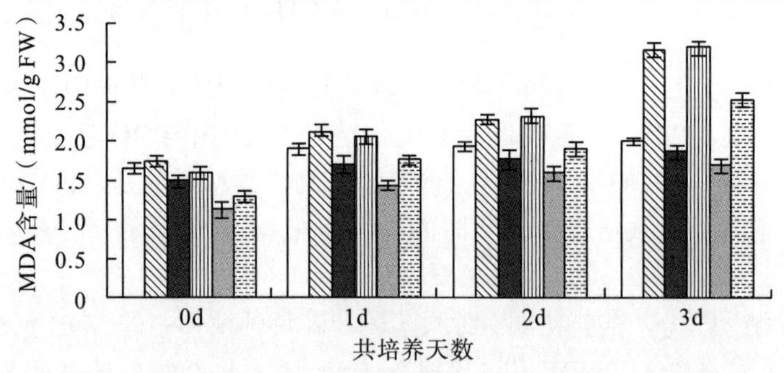

图 3.11 发根农杆菌感染后白簕外植体 MDA 含量的变化

5)发根农杆菌感染后脯氨酸含量的变化

结果表明(图 3.12)，未感染农杆菌时，对照茎段、叶片和愈伤组织外植体中的脯氨酸含量低且相差很小。在培养过程中，3 种受感染的外植体脯氨酸含量总体表现为一直上升。感染初期(0～1d)，茎段、叶片和愈伤组织外植体中的脯氨酸含量上升幅度较小。共培养中期(1～2d)，脯氨酸含量上升比较平缓。感染后期(2～3d)，脯氨酸含量迅速升高，可能随着感染时间的延长，脯氨酸含量逐渐增多。由此可见，在共培养适宜时间内(1～2d)，外植体内的脯氨酸含量均处于相对低值；而共培养 3d 时，脯氨酸含量已达到很高，表明农杆菌已对外植体造成了很大的逆境胁迫。

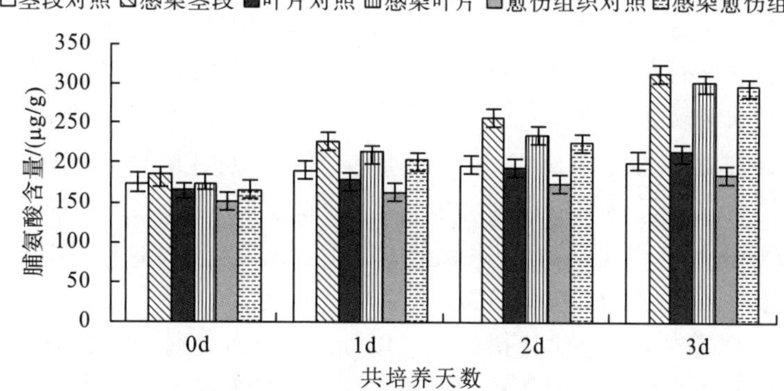

图 3.12　发根农杆菌感染后白簕外植体脯氨酸含量的变化

3. 发根农杆菌对白簕外植体的影响

发根农杆菌在感染植物外植体的过程中，会给植物造成逆境胁迫，从而引起外植体内可溶性蛋白含量、POD 和 SOD 等膜保护酶系活性、MDA 和脯氨酸含量发生变化。这些变化是发根农杆菌与植物的抗病机制相互作用的结果。试验结果表明，未经感染的 3 种白簕外植体在培养初期，外植体内的 POD 和 SOD 活性均明显下降。这是因为相对于整株活体而言，外植体切取和消毒时的化学和机械损伤，还有离体环境无疑对植物也是一种逆境。发根农杆菌的感染加剧了 3 种白簕外植体内 POD 和 SOD 活性下降的程度和加快了下降的速度。由于发根农杆菌同其他微生物一样，在感染植物的过程中，同样会给植物造成逆境胁迫。在感染初期，因为逆境的出现，消耗了植物外植体内大量的 POD 和 SOD，从而使外植体内的 POD 和 SOD 活性下降；感染中期，也是共培养最适宜的时期，POD 和 SOD 活性变化趋缓；而在感染后期，POD 和 SOD 活性的升高，可能是植物的抗病机制发挥作用的结果。

大量的研究表明，植物受到病原菌感染或创伤后，会产生多种酚类化合物，以抵抗病原的侵染；此外，一些酚类化合物经氧化会形成具有高度毒性的醌类，而这一氧化过程是由多酚氧化酶和过氧化物酶(POD)等催化的。由此可见，在感染后期，POD 和 SOD 活性的升高是植物正常抗病机制发挥作用的结果。如果感染时间过长或病原菌大量生长，植物外植体就会因酚类化合物的氧化而使组织褐化，最终导致外植体死亡。从试验结果中可以看出，在共培养适宜时间内(1～2d)，POD 和 SOD 活性虽然与刚感染时(0d)相比明显下降，但与未感染的对照外植体相比，下降幅度并不大。当感染 3d 后，感染的外植体内的 POD 活性均超过对照。此时，外植体因酚类化合物的大量氧化而发生褐化，从而导致部分外植体死亡。

发根农杆菌感染受伤的植物组织时，通过寻找植物细胞壁上的特异菌体结合位点并完成贴壁反应。但是，不同外植体对农杆菌的敏感性不同，这可能与外植体不同发育感受态有关。只有当外植体处于最佳感受态时，细胞容易接受外源遗传信息并发生遗传转化。发根农杆菌侵染白芨外植体后，不同共培养时间的外植体可溶性蛋白含量、POD 和 SOD 活性、MDA 和脯氨酸含量等生理生化指标会发生相应的变化，这些指标的变化与外植体感受态之间存在一定的关系。本研究结果表明，在白芨叶片、茎段和愈伤组织处于共培养适宜时间内(1～2d)，可溶性蛋白含量处于相对较高值，POD 和 SOD 活性增高减缓，MDA 和脯氨酸含量处于相对低值阶段。通过测定生理生化指标，可以预测白芨外植体对发根农杆菌的感受态时期。这对于建立白芨外植体转化体系具有一定的参考价值，为日后能转化出白芨毛状根提供参考。

第4章　白簕主要化学成分提取工艺研究

4.1　中药有效成分的提取、分离纯化和含量测定方法

4.1.1　中药有效成分的提取方法

1. 中药有效成分的传统提取方法

1) 浸渍法

浸渍法是将中药粉碎装入适当的容器中，加入适宜的溶剂，溶出其中有效成分的方法。该方法简单易行，但时间长，浸出率较差，并且如果用水作为溶剂，其提取液易发霉变质，一般需加入适当的防腐剂。

2) 渗漉法

渗漉法属于动态浸出，渗漉法是将中药粉末装在渗漉器中，不断添加新溶剂，使其渗透药材，自上而下从渗漉器下部流出浸出液的一种浸出方法。浸出效果优于浸渍法。但渗漉法提取所需时间较长，而且新鲜的、易膨胀的药材也不宜用此法提取。

3) 煎煮法

煎煮法是我国最早使用的传统的浸出方法。所用容器一般为陶器、砂罐、铜制或搪瓷器皿，不宜用铁锅，以免药液变色。加热时最好时常搅拌，以免局部药材受热太高，容易焦糊。但含挥发性成分和有效成分遇热易破坏的中药不宜使用此法。

4) 回流提取法

回流提取法采用回流加热装置，用有机溶剂加热提取，此法由于在溶剂沸腾状态下进行，溶质的传质速率较快，提取效率较冷浸法高，但是在较高温度下，有效成分容易引起结构变化，且提取液中杂质含量较高。

5) 连续提取法

为弥补回流提取法中溶剂用量大、操作较繁的不足，实验室常用索氏提取器。大量生产中多采用此法。但此法提取过程中受热时间长，因此受热易分解的成分不宜使用。

2. 中药有效成分的现代提取方法

中药所含成分十分复杂，常用的传统提取方法在提取有效成分方面，存在损

失大、周期长、工序多、提取率不高等缺点。近年来，随着科学技术的不断发展，在中药提取方面涌现出许多现代化的中药材分离提取方法，如超声提取技术、酶解提取技术、超临界流体萃取技术、加压液体萃取技术、微波辅助萃取技术等，以下将逐一介绍，并对本书将采用的微波辅助提取技术进行重点介绍。

1）超声提取[105,119-121]

超声提取技术是利用超声波产生的强烈的空化效应、机械粉碎和搅拌等作用，增大物质分子运动频率和速度，增加溶剂穿透力，从而加速药物有效成分进入溶剂，促进提取的进行。超声提取技术具有提取时间短、得率高、无须加热等优点。但该方法存在噪声大，产业化困难，容易造成某些有效成分的变性、损失等缺陷，且影响超声提取的因素很多，对其提取机制一直没有系统深入的研究，因此目前该技术仅用于针对某些具体提取对象进行简单的小规模工艺条件试验上。

2）酶解提取[122,123]

酶解提取技术是近年来用于中药提取的一项生物工程技术，尚处于实验室研究阶段。酶解提取的原理是利用酶反应的高度专一性，将细胞壁的组成成分水解或降解，破坏细胞壁，较温和地将植物组织分解，加速有效成分的释放，从而提高有效成分的提取率。但酶的浓度、底物的浓度、温度、酸碱度、抑制剂等对提取物有何影响，还需要进一步研究。

3）超临界流体萃取[124]

超临界流体萃取技术是一种以超临界流体代替常规有机溶剂对目标组分进行萃取和分离的新型技术，其原理是利用流体(溶剂)在临界点附近某区域内与待分离混合物中的溶质具有异常相平衡行为和传递性能，且对溶质的溶解能力随压力和温度的改变在相当宽的范围内变动来实现分离的。与传统提取方法相比，最大的优点是可以在近常温的条件下提取分离，几乎保留产品中全部的有效成分，无有机溶剂残留，产品纯度高，但该技术设备投资大，运行成本高，从而限制了该技术的普及。

4）加压液体萃取

加压液体萃取技术是将样品放在密封容器中，加热到高于溶剂沸点的温度(通常 60～200℃)，引起容器中压力升高，同时给予一定压力(通常为 3.5～20MPa)使溶剂不气化，从而大大提高萃取速度。该技术实现了高温、高压条件下的萃取，溶剂用量少、萃取时间短。国外从 20 世纪 90 年代已经开始研究该技术，目前主要用于药品检测方面；国内在这方面的研究才刚刚起步。

5）微波辅助萃取

微波辅助萃取技术是微波与传统有机溶剂萃取相结合的一项新型萃取技术。在我国，微波萃取已列为 21 世纪中药制药现代化推广技术之一，近年来，已有较多微波用于中草药中黄酮和多糖类成分提取[125-127]的报道。例如，刘传斌等[128]用微波辅助法提取高山红景天愈伤组织中红景天苷，与传统提取方法相比具有时间短、不需加热、提取液中杂质少等优点。段蕊等[129]也用此方法提取银杏叶中的黄酮，得到提取物中黄酮类物质的量比未用微波处理的高出 18.8%。刘依和韩鲁佳[130]采用微波技术应用于板蓝根多糖的提取，结果表明，粗多糖得率和多糖质量分数均明显高于单独使用水煎煮法。赵二劳等[131]以料液比、功率和萃取时间为因素，用正交试验的方法对沙棘叶多糖进行了研究，得到的最佳萃取条件为料液比 1∶40(g∶ml)，微波功率 540W，萃取时间 50s，沙棘叶多糖提取率为 5.25%，可以有效地提高沙棘叶多糖的提取率。五加属植物中黄酮和多糖的微波提取方法的研究也有报道，刘圆等[132]对红毛五加中的黄酮类化合物与索氏提取法相比较，提取率可提高 40%。

3. 本研究采用的主要提取方法

编者在总结大量参考文献和预试验的基础上，采用微波辅助萃取和超声提取的方法，考察了微波辅助萃取和超声提取条件(包括微波功率、微波辐射时间、提取次数和料液比)对白簕化学成分的影响，通过单因素试验，按 $L_9(3^4)$ 法设计试验考察提取工艺并确定最佳提取条件。

4.1.2　中药有效成分的分离纯化技术[133]

植物所含的化学成分十分复杂，既有有效成分，又有无效成分和有毒成分。为了提高中药的治疗效果，降低毒性作用，提高中药制剂的内在质量，拓宽有效成分的应用价值，必须选择合理的分离方法，分离出纯度高、化学结构明确、药理学清楚的提取产物。从根本上解决中药制剂“粗、大、黑”的弊端，生产出质量稳定、疗效确切、剂量小的符合国际标准的中药产品。具体的分离方法需要结合提取方法、提取溶剂、有效成分性质等具体情况加以选择。

1. 常用分离技术

1)色谱法

色谱法是较常用的分离技术，其基本原理是利用混合样品的各组分分配系数的差异或吸附作用的不同来进行反复的吸附或分配，从而使混合物中的各组分得以分离。色谱法根据分离原理可以分为吸附色谱、分配色谱、离子交换色谱和凝胶过滤色谱；根据流动相的状态不同可以分为液相色谱和气相色谱；根据操作方法不同又可分为薄层色谱、柱色谱和纸色谱。

柱色谱分离原理与薄层色谱相同，但柱色谱分离样品量大，上样量一般在 10～50g，多为样品的制备性分离。柱色谱可分为吸附柱色谱和分配柱色谱、离子交换柱色谱和凝胶过滤柱色谱等，是分离和纯化有机混合物和植物有效成分的主要手段之一。常用的有硅胶柱色谱、大孔吸附树脂柱色谱、聚酰胺柱色谱、高效液相色谱、高速逆流色谱和葡聚糖凝胶柱色谱等。

(1)大孔吸附树脂柱色谱[134-136]。大孔吸附树脂是近代发展起来的一类有机高聚物吸附剂，是一种具有多孔立体结构人工合成的聚合物吸附剂，是依靠它和被吸附分子(吸附质)之间的范德瓦耳斯力，通过它巨大的比表面进行物理吸附而工作的。大孔吸附树脂被广泛应用于制药及天然植物中活性成分如皂苷、黄酮、生物碱等大分子化合物的提取分离。对中药复方药物提取等及生物化学制品的净化、分离、回收都有良好的效果，并在抗生素、维生素、氨基酸、蛋白质的提纯及生化制药方面有很广泛的应用。中国医学科学院药物研究所植化室用大孔吸附树脂对糖、生物碱、黄酮等进行吸附，并在此基础上用于天麻、赤芍、灵芝等中药有效成分的分离及纯化，结果表明，大孔吸附树脂是分离中药水溶性成分的一种有效方法。作为一种新型的分离手段，大孔吸附树脂柱色谱正在日益广泛地应用于中药制剂生产。

(2)聚酰胺柱色谱[137]。由己内酰胺聚合而成的尼龙-6(聚己内酰胺)及由己二酸与己二胺聚合而成的(聚己二酰己二胺)尼龙-66，为氢键吸附、半化学吸附。聚酰胺分子中有许多酰胺基，聚酰胺上的 C═O 与酚基，黄酮类、酸类中的—OH 或—COOH 形成氢键。酰胺基中的氨基与醌类或硝基类化合物中的醌基或硝基形成氢键。聚酰胺柱色谱最适用于黄酮类化合物的分离，是目前最有效且简便的方法。常用的洗脱剂有两类：水、10%～20%乙醇(或甲醇)，适于黄酮苷的分离；氯仿、氯仿/甲醇适于黄酮苷元的分离。对分离黄酮类化合物来说，聚酰胺是较为理想的吸附剂。其吸附强度主要取决于黄酮类化合物分子中羟基的数目与位置，以及溶剂与黄酮类化合物或与聚酰胺之间形成氢键缔合能力的大小。溶剂分子与聚酰胺或黄酮类化合物形成氢键缔合的能力越强，则聚酰胺对这两种化合物的吸附作用也将越弱。聚酰胺层析柱即是利用此性质对各种植物中黄酮、茶多酚等进行吸附、洗脱而分离的，即“氢键吸附”学说。聚酰胺柱色谱的分离机制，除了“氢键吸附”学说外还有“双重层析”理论。前者不能解释当以氯仿/甲醇为洗脱液时，为何黄酮苷元比黄酮苷先洗脱下来。后者认为当用极性流动相(含水溶剂系统)洗脱时，聚酰胺作为非极性固定相，其色谱行为类似反相分配色谱，当用有机溶剂洗脱时，聚酰胺作为极性固定相，其色谱行为类似正相分配色谱。

(3)高效液相色谱[138]。高效液相色谱法(HPLC)也称高压液相色谱法或高速液相色谱法。HPLC 具有分离效能高、准确性好、分析速度快、检测灵敏度高和应用范围广泛等优点，特别适合于高沸点、大分子、强极性和热稳定性差的化合物的分离分析测试等。气相色谱只适合分析较易挥发且化学性质稳定的有机化合物，而 HPLC 则适合于分析那些用气相色谱难以分析的物质，如挥发性差、极性强、具有生物活性、热稳定性差的物质。液相色谱根据不同的种类其原理也不相同，但是其大致过程是根据不同化学物质的性质不同，把这些物质用色谱柱的方式分离再进行定性定量分析的过程，高效液相色谱软件在数据处理方面是以时间为横坐标，以探测器探测的信号强度为纵坐标形成一系列谱图。

(4) 高速逆流色谱。高速逆流色谱仪是一种不用任何固态载体或支撑体的液-液分配分离技术，是进行小量样品快速分离的仪器，它最大的优点是分离时间短和剂量较少。

2) 膜分离技术[139]

膜分离技术的应用原理是以压力为推动力实现溶质与溶剂的分离，具有分离不同分子质量分子的功能。其特点是，有效膜面积大、滤速快、不易形成表面浓差极化现象、无相态变化、低温操作破坏有效成分的可能性小、能耗低等。使用膜技术(包括微滤、超滤、纳滤和反渗透等)可以在原生物体系环境下实现物质分离，可以高效浓缩富积产物，有效去除杂质。近几年，国内外学者将超滤膜分离技术应用于中药提取液的分离纯化，效果良好。

2. 本研究所用的分离纯化技术

本研究主要采用大孔吸附树脂柱色谱和聚酰胺柱色谱对白簕总黄酮、皂苷进行分离纯化，对萜类化合物采用高效液相色谱进行分离纯化。

4.1.3　中药化学成分含量的测定方法

1. 常用含量测定方法

1) 比色法[140,141]

比色法使用历史悠久，20 世纪 40～50 年代先后报道了咔唑-硫酸法、蒽酮-硫酸法和苯酚-硫酸法测定多糖含量。目前比色法已广泛应用于多糖含量的测定，特别是苯酚-硫酸法和蒽酮-硫酸法应用最广。其原理是根据多糖在硫酸的作用下水解成单糖分子，并迅速脱水生成糖醛衍生物，再将其与苯酚或蒽酮缩合成有色化合物，在适当波长下和一定浓度范围内，吸收值与糖浓度呈线性关系，从而可用比色法测定其含量。

2) 滴定法

Fehling 滴定法是一种还原滴定法，主要应用于多糖的定性反应，后发展用于多糖含量测定。多糖经乙醇沉淀分离后，加酸、加热水解成单糖，用亚甲蓝作指示剂，滴定经标定过的碱性酒石酸铜溶液，根据样液消耗的体积，计算其含量。本方法快速，不需精密仪器，对所有多糖均可适用。

3) 高效液相色谱法

国外自 20 世纪 70 年代以来，开始应用高效液相色谱测定蛋白质等高分子有机化合物，随着耐高压填料的出现，高效液相色谱法已逐步应用在多糖含量测定上。与其他方法比较，HPLC 法有分析速度快，分离效能、选择性、灵敏度高等方面的优点，是一种值得推广采用的方法。

4）分光光度法[142]

分光光度法是测定有效化学成分的常见方法，该法测定化合物含量，重复性好、准确、简便、易掌握、不需复杂的仪器设备，所需试剂也便宜易得。因此，选用此法作为药品生产中质量检测是行之有效的。

5）衍生化-气相色谱法

气相色谱具有高选择性、高效能、高灵敏度、分析速度快等特点。但大多数黄酮类化合物的沸点高，对热不稳定，需将样品用衍生化试剂制成黄酮衍生物后才能用该法测定。该法装置较贵，操作烦琐，应用不普遍。

6）薄层扫描法

薄层扫描法是将样品液经薄层层析分离，然后在薄层扫描仪上的选定范围内扫描，得薄层斑点的面积积分值，由回归方程计算出黄酮含量，该法不受其他成分干扰，方法简便、准确。

2. 本研究采用的含量测定方法

白簕萜类化合物采用有机溶剂萃取下的 HPLC 定量分析方法，五加酸和贝壳烯酸为对照品。白簕总多糖含量测定采用蒽酮-硫酸法，以葡萄糖为对照品，用分光光度计在 560nm 处测定吸光度，白簕总黄酮含量测定以芦丁和金丝桃苷标准品为对照品。紫外分光光度法在 260nm 处测定吸光度，可见光分光光度法用 $NaNO_2$–$Al(NO_3)_3$–NaOH 系统作显色剂，在 510nm 处测定吸光度。

4.2 白簕化学成分初步鉴定

1. 药用植物化学成分预试方法[143]

中草药主要来源于植物。植物的化学成分较复杂，有些成分是植物所共有的，如纤维素、蛋白质、油脂、淀粉、糖类、色素等。有些成分仅是某些植物所特有的，如生物碱类、苷类、挥发油、有机酸、鞣质等。因此需用各类成分的鉴别反应加以鉴别。再按照所含化学成分的性质、设计有效成分提取、分离的具体方法。预试方法通常有系统预试法和单项预试法两种：系统预试法是应用一些简单的定性试验，对中药中所含各类化学成分作全面检查；单项预试法是根据需要，有重点地检测某类成分。通常将中药材(不着重研究挥发油)分别用 95%乙醇溶液、水和酸水提取，就可以把绝大部分中药成分提取出来。

1）乙醇提取液制备方法

将中药材粉末加入 95%乙醇溶液中，提取液检测黄酮类、强心苷、香豆素、蒽醌、酚类、苷类、有机酸、萜类及萜类内酯等。

2）水提取液制备方法

将中药材粉末加入蒸馏水，浓缩液供检查皂苷、多糖、酚类、苷类、有机酸、鞣质及氨基酸和蛋白质。

3）酸水提液制备方法

将中药材粉末加入 3%硫酸溶液中，将酸水提取液碱化，用氯仿萃取除去水溶性杂质，收集氯仿萃取液再用酸水萃取，酸水层供检查生物碱。

2. 白簕化学成分试管系统及薄层分析预试法

1）提取方法

本研究利用常见化学成分提取和分析方法，对白簕根、茎、叶及木质部的化学成分进行了初步的预试鉴定。

(1) 材料、试剂及仪器。所用试验材料白簕均于 2010 年 7 月采集，采集地点为四川省南充市金城山森林公园，标本存于西华师范大学生命科学学院标本室。用电子天平称取白簕各部位粉末 20g，过 60 目筛，索氏提取器中加石油醚除脂、除色素，干燥备用。试剂：乙醇、酒石酸钾钠、硫酸铜、蒽酮、葡萄糖、浓硫酸、氯仿、乙醚甲醇、乙酸乙酯、丙酮、石油醚、正丁醇、HCl、NaOH（上述药品均为分析纯）、蒸馏水等。显色剂：1%三氯化铝乙醇银氨溶液、5%磷钼酸乙醇溶液。仪器：上海 G8023CTL-K3 微波炉、上海 JA1003 电子天平、上海 RE52CS-1 旋转蒸发仪、上海 B-260 恒温水浴锅、上海 SHZ-Ⅲ型循环水真空泵。薄层色谱用聚酰胺为浙江省台州市路桥四甲生化塑料厂生产。展开剂：甲醇-乙酸-水（90∶5∶5），正丁醇-乙醇-水（1∶4∶5）；显色剂：1%三氯化铝乙醇银氨溶液。

(2) 预试样液制备。①冷水提取液。分别取备用的白簕根、茎、叶粉末各 2g，各加入约 50ml 蒸馏水，浸泡 24h 后过滤，取 20ml 滤液用于检试氨基酸、多肽、蛋白质等成分。②热水提取液。将冷水提取液放 60℃左右水浴锅上水浴 40min 后抽滤，滤液用于检测多糖、皂苷、酚类、有机酸、鞣质等化学成分。③乙醇提取液。分别取白簕根、茎、叶粉末各 5g，各加入约 50ml 无水乙醇，水浴回流 30min，滤液用旋转蒸发仪浓缩至 20ml，用于黄酮、蒽醌、香豆素、强心苷、内酯、甾体萜类等成分的检测。④酸性乙醇提取液。分别取白簕根、茎、叶粉末各 5g，各加入约 50ml 无水乙醇，水浴回流 30min，将滤液置于旋转蒸发仪中浓缩至浆状，加入 20ml 浓度为 2%的 HCl 溶液溶解后，供检试酚类、有机酸、生物碱等成分。

2）白簕全株化学成分预试结果

对白簕冷水提取液、乙醇提取液及酸性乙醇提取液进行系统研究，通过相关化学反应，初步探测出白簕中可能含有的化学成分。分别取根、茎、叶提取液 2ml 于试管中，加入相应检测剂观察反应现象，检测结果见表 4.1。

表 4.1 白簕成分试管及纸斑预试

检测项目	实验	实验现象	结果				结论
			根	茎	叶	木质部	
多糖	碱性酒石酸铜试液	有红色氧化亚铜沉淀	+	++	++	+ +	还原糖
	α-萘酚	紫红色环	+	+	+	+	多糖或苷类
	碘试验	蓝色，加热消失，冷后又变为蓝色	+	+	+	+	淀粉
	蒽酮-硫酸	蓝绿色	+	+	+	+	多糖或苷类
	$AgNO_3$-NH_4OH	银镜	+	+	+	+	还原糖
皂苷	醋酐浓硫酸	呈现红紫色	+	++	++	+ +	皂苷
	泡沫试验	酸管的泡沫较碱管中持久几倍	+	++	++	+ +	三萜皂苷
鞣质及酚类	三氯化铁	呈现绿色、污绿色带蓝绿色	+	+	+	+	酚或鞣质
	1%$FeCl_3$ 1% $K_3Fe(CN)_6$	深蓝色	+	+	+	+	酚类或还原性物质
	乙酸铅	黄绿色	+	+	+	+	酚酸性化合物
	溴试验	生成白色或沉淀物	+	+	+	+	儿茶素鞣质
	香草醛-盐酸试验	出现淡红色	+	+	+	+	多元酚
有机酸	pH 试纸	pH4～5	+	+	+	+	有机酸
	溴酚蓝	蓝色背景有黄色斑点	+	+	+	+	有机酸
	0.1%溴酚蓝	蓝色变黄	+	+	+	+	有机酸
黄酮	盐酸-镁粉	有些部位提取液无红色	−	−	+	+	黄酮类
	碱液实验	黄	+	++	++	+ +	黄酮类
	1% $AlCl_3$-乙醇	黄色和紫色荧光	+	++	++	+ +	黄酮类
	氨气	黄色斑点出现又消失	+	++	++	+ +	黄酮类
二氢黄酮	$NaBH_4$-KOH	无现象	−	−	−	−	无二氢黄酮
强心苷	3,5-二硝基苯甲酸	溶液红色	+	+	+	+	强心苷
	碱性苦味酸	溶液橙色	+	+	+	+	强心苷
	$FeCl_3$-冰醋酸	界面棕色	+	+	+	+	强心苷
香豆素	异羟肟酸钠试验	产生紫色沉淀	+	+	+	+	香豆素
	在紫外灯下荧光试验	可见蓝色荧光	+	++	++	+ +	香豆素
	异羟肟酸铁	溶液颜色变红	+	++	++	+ +	香豆素
	异羟肟酸铁	有蓝色、紫色斑点	+	+	+	+	香豆素

续表

检测项目	实验	实验现象	结果				结论
			根	茎	叶	木质部	
蒽醌	碱液试验	溶液出现红色	+	+	+	+	蒽醌类
	乙酸镁反应	红色	+	+	+	+	蒽醌类
生物碱	苦味酸试验	无黄色沉淀	−	−	−	−	无生物碱
	I_2-KI 试验	无红棕色沉淀	−	−	−	−	无生物碱
	$KBiI_4$	无黄色至橘红沉淀	−	−	−	−	无生物碱

注：“+”表示有现象；“++”表示有现象且现象很明显；“−”表示无现象

分别取上述提取液进行薄层色谱预试，结果见表 4.2。

表 4.2　薄层色谱试验结果

成分类别	色谱种类	展开剂	显色剂	实验现象	结果
多糖	硅胶-TLC	正丁醇-乙酸-水 (4∶1∶5)	银氨溶液	棕褐色斑点	多糖
黄酮	聚酰胺-TLC	正丁醇-乙酸-水 (4∶1∶1)	三氯化铝	黄色斑点	黄酮
皂苷	硅胶-TLC	正丁醇-乙酸-水 (4∶1∶1)	5%磷钼酸乙醇	蓝紫色斑点	皂苷

结合表 4.1 和表 4.2 可知，白簕根、茎、叶和木质部中含有糖类、皂苷、萜类、黄酮类、鞣质、酚类、强心苷、内酯、香豆素及其苷类等化学成分，试验结果同陈貌连等[144]和刘向前等[12]所报道的研究结果相一致。白簕主要化学成分包括酚类化合物、多糖类化合物、萜类化合物及其他挥发性成分等，全株含有皂苷、黄酮、多糖、香豆素、强心苷等活性成分，不含有生物碱。

4.3　白簕萜类化学成分及提取工艺

4.3.1　白簕萜类成分

1. 白簕中萜类化合物及生理活性

萜类化合物是指存在于自然界中分子式为异戊二烯单位的倍数的烃类及其含氧衍生物，这些含氧衍生物可以是醇、醛、酮、羧酸、酯等。不少二萜类化合物具有祛痰、止咳、驱风、发汗、驱虫、镇痛等生理活性，而二萜类化合物中的五加酸和贝壳烯酸被证实具有良好的抗炎和解热镇痛的作用，并能保护过氧化氢与四氯化碳造成的肝损伤，且具有抑制肿瘤细胞因子 TNF-α、抗 IL-1 因子和抗 HMGB1 的作用，以及能抑制前列腺素 E2 的合成[145,146]。三萜类成分（又称灵芝酸）在自然界分布很广，能抑制肝癌细胞的增殖、抗副交感神经作用、抗血清素活性、活化神经细胞生长能力等功能。萜类化合物广泛存在于自然界，是构成某些植物的香精、树脂、色素等的主要成分。白簕根皮中含有二萜化合物中的五加酸和贝壳烯酸的活性成分，叶中含有三萜类羽扇豆烷型 acantrifoside A，3,4-seco-羽扇豆烷型 chiisanoside，新型的 24-nor-lupaneglycoside 化合物，经鉴定为 24-nor-11*α*-hydroxy-3-oxo-lup-20(29)-en-28-oic acid 28-*O*-*α*-*L*-Rhamnopyranosyl-(1→4)-*β*-*D*-glucopyranosyl-(1→6)-*β*-*D*-glucopyranosylester[147-149]。

2. 白簕二萜类化合物的提取工艺

对白簕中五加酸和贝壳烯酸的提取分离及含量测定工艺主要介绍有机溶剂萃取下的 HPLC 定量分析方法[146]。

1）试剂及仪器

乙腈为色谱纯，色谱分析用水为二次蒸馏水。仪器：美国 Agilen 公司 1100 型高相液相色谱仪（含脱气机、四元梯度泵、自动进样器、柱温箱、DAD 检测器）、美国 Thermo NanoDrop ND-200C 微量紫外分光光度计、德国 Sartorius 公司 BP211D 型电子天平、德国 Eppendorf Research 移液器、Millipope 公司 MillQ 型纯水仪、上海亚荣 SHZ-III循环水真空泵、Autoscience 过滤器、AS 3120A 型超声清洗器、RV-S 型旋转蒸发仪、TGL-20M 型台式高速冷冻离心机。

2）提取分离

取研磨根皮细粉 3.0g，加 100ml 正己烷浸泡，超声提取 1h（室温下），过滤。滤液浓缩并用 5ml MeOH 溶液溶解，定容至 10ml，再超声 10min。取上述溶液 2ml 离心，静置，取上清液用 0.45μl 微膜过滤后，进样 10μl。

3）标准曲线绘制

精确称量五加酸和贝壳烯酸对照品 13.4mg 和 11.6mg，分别用 MeOH 定容至 25ml，超声 10min，配制成质量浓度为 0.536g/L 和 0.464g/L 的五加酸和贝壳烯酸标准使用溶液。分别精确吸取上述标准使用溶液 2.00ml、3.00ml、4.00ml、5.00ml、6.00ml 置于 10ml 容量瓶中，用 MeOH 溶液定容，作为标准系列混合溶液。在上述色谱条件下，依次进样 10μl，以对照品浓度为横坐标，色谱峰面积为纵坐标，绘制标准曲线。

4）色谱条件

检测波长为 207nm，柱温 30℃，流速 1.0ml/min，流动相为乙腈-水（第 0～60 分钟乙腈含量由 10%→100%，在第 60～70 分钟乙腈含量为 100%）。经方法学验证，仪器精密度、试验稳定性、方法重现性及加样回收率都达到中药色谱分析要求。

4.3.2 试验结果

1. 线性关系考察

将逐级稀释的标准系列溶液分别进样 10μl，分别计算五加酸和贝壳烯酸的回归方程(n=6)，所得五加酸的回归方程为：A=3 421 999.98X−1 583.58，r=0.9999，结果表明，五加酸在 0.1070～0.5351g/L 线性关系良好。贝壳烯酸的回归方程为：A=3 838 853.49X−9 508.41，r=0.9998，结果表明，贝壳烯酸在 0.0930～0.4649g/L 线性关系良好。

2. 重复性、精密度、稳定性、回收率试验结果

五加酸和贝壳烯酸的重复性、精密度、稳定性和加样回收率的试验结果表明(表 4.3)：样品的重现性良好、仪器进样精密度良好、样品溶液均在 24h 内稳定及该试验的提取和测定方法是稳定、可信的。

表 4.3　HPLC 回收率、重复性、精密度及稳定性测定结果

成分	回收($\bar{x}\pm s$)/%	回收率 RSD/%	重复性 RSD/%	精密度 RSD/%	稳定性 RSD/%
五加酸	97.546	1.606	1.046	0.229	1.423
贝壳烯酸	98.623	0.809	1.321	0.255	1.827

3. 色谱图

五加酸和贝壳烯酸标准品及白簕根皮样品的色谱图如图 4.1 所示，样品与对照品的保留时间误差小于±0.5min，整个分离过程需 61min。

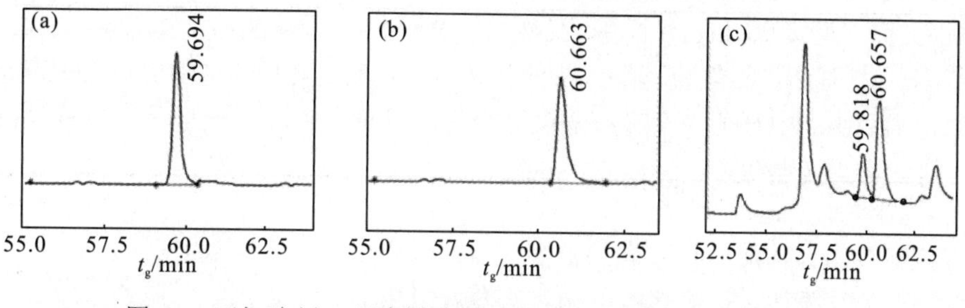

图 4.1　五加酸(a)、贝壳烯酸(b)和白簕根皮样品(c)的 HPLC 图

4. 白簕根中所含五加酸和贝壳烯酸含量

制备白簕根皮的供试液，分别精确量取各样品供试液，以五加酸和贝壳烯酸

标准溶液为对照，在上述色谱条件下对白簕根皮样品进行定量分析，得到五加酸和贝壳烯酸的含量，结果见表 4.4。根据《中国药典》含量测定结果的精密度要求，高效液相色谱法相对平均偏差不得大于 2%，本研究中白簕五加酸和贝壳烯酸含量的标准偏差均小于 2%，且贝壳烯酸的含量较高。

表 4.4 白簕根皮样品中二萜成分含量测定结果

项目	平均峰面积	标准偏差/%	含量/%
五加酸	42 423.654	0.354	0.053
贝壳烯酸	8 006 414.64	1.845	1.042

4.4 白簕黄酮类化合物的提取及含量测定工艺

4.4.1 白簕黄酮类化合物

白簕的化学成分预试结果表明，根、茎、叶、愈伤组织中均含有黄酮类化合物，但各部位的含量如何尚未得知，因此，通过正交试验得到黄酮类化合物提取的最佳工艺，再对白簕的根、茎、叶的总黄酮进行提取并比较各部位的含量情况。

1. 黄酮类化合物的性质

黄酮类化合物(falconoid)，又称生物类黄酮，是指以色酮环与苯环为基本结构的一类化合物的总称，是色原酮或色原烷的衍生物，也即以 C_6-C_3-C_6 为基本碳架的一系列化合物，其中包括黄酮的同分异构体及其氢化的还原产物，在植物体内大部分与糖结合成苷类或碳糖基，也有以游离形式存在的。天然黄酮类化合物母核上常含有羟基、甲氧基、烃氧基、异戊烯氧基等取代基。由于这些助色团的存在，该类化合物多显黄色。黄酮类化合物可分为以下几类：黄酮和黄酮醇；黄烷酮(又称二氢黄酮)和黄烷酮醇(又称二氢黄酮醇)；异黄酮；异黄烷酮(又称二氢异黄酮)；查耳酮；二氢查耳酮；花色苷等。黄酮类化合物在植物界分布很广，据研究，约 20%的中草药中含有黄酮类化合物，可见其资源之丰富[150,151]。

2. 黄酮类化合物的生物活性

黄酮类化合物是一类对人类健康有益的药用成分，具有护肝、抗炎、抗菌、抗病毒、免疫激活、抗氧化等作用，被普遍应用于临床。例如，脉通、双黄连注射液等多种药用植物制剂中含有黄酮类化合物并起主要作用，甲基橙皮苷是治疗冠心病药物脉通的重要原料之一，黄芩苷是从黄芩中分离得到的黄酮类化合物，具有清热解毒、抗炎、消炎作用，是双黄连注射液的主要成分[152]。大部分药食同源的植物中均含有丰富的黄酮类化合物，黄酮类化合物不仅在食品和保健品方面广泛应用，而且在化妆品领域也有较为广阔的开发前景。近年来，发现人体使用某些人工合成的黄酮类化合物有不良现象，因而掀起了从药用植物中提取黄酮类化合物的浪潮[153]。

4.4.2　白簕叶总黄酮的提取工艺研究

1. 白簕叶总黄酮的提取工艺

本章总结了本科研组成员蔡凌云等[20,32,154-156]和肖杭等[157]的试验方法：采用微波辅助提取技术，考察了固液比、提取时间、提取温度和提取功率等对白簕叶总黄酮提取的影响；在单因素试验的基础上，按 $L_9(3^4)$ 法设计试验考察提取工艺，确定最佳提取工艺；用大孔吸附树脂柱色谱法对白簕总黄酮进行分离纯化，选用芦丁和金丝桃苷标准品作为对照品，采用分光光度法测定白簕总黄酮含量，得到一种简便、快捷测定白簕黄酮含量的方法。

1) 试剂及仪器

无水乙醇、亚硝酸钠、硝酸铝、氢氧化钠均为分析纯，水为蒸馏水，芦丁标准品(中药固体制剂制造技术国家工程研究中心，编号：1097-060918)，金丝桃苷标准品(中国药品生物制品检定所，编号：111521-200303)。仪器与设备：BU CHI R-200 旋转蒸发仪、德国 Eppendorf Research 移液器、美国 Thermo NanoDrop ND-200C 微量紫外分光光度计、G8023CSL-K3 格兰仕微波炉、上海亚荣 SH Z-Ⅲ循环水真空泵。

2) 样品处理和提取液制备

称取自然干燥的白簕叶粉末 50g，过 40 目筛，置 500ml 锥形瓶中，加 100ml 石油醚脱脂、脱色 2h，重复几次，至石油醚层几乎无色，倾去浸提液，样品置于通风处干燥备用。

3) 标准曲线绘制

精确称取 5.0000mg 芦丁标准品(120℃减压干燥至恒重)和 5.0000mg 金丝桃苷标准品，各用 50%乙醇溶液溶解后，分别于 50ml 容量瓶中定容，即得芦丁对照品溶液(0.1mg/ml)和金丝桃苷对照品溶液(0.1mg/ml)。取对照品溶液 0.00ml、0.50ml、1.00ml、1.50ml、2.00ml、2.50ml、3.00ml、3.50ml 分别放入 1～8 号 10ml 容量瓶中(稀释后的浓度分别为 0.000mg/ml、0.005mg/ml、0.010mg/ml、0.015mg/ml、0.020mg/ml、0.025mg/ml、0.030mg/ml、0.035mg/ml)，在 260nm 处测定吸光度。以吸光度 A 为纵坐标、芦丁(或金丝桃苷)浓度 C 为横坐标绘制标准曲线。

4) 重复性、精密度、稳定性、回收率试验

重复性：分别精密吸取芦丁、金丝桃苷对照品溶液 1ml，在 510nm 处测定吸光度，重复测定 6 次，计算 RSD。稳定性：精密吸取制备的提取溶液和标准品溶

液各 0.5ml，每 5min 测定 1 次吸光度，考察 40min。回收率：精密吸取提取液 6 份，分别置 10ml 容量瓶中，加入一定量芦丁、金丝桃苷对照品，计算平均回收率和 RSD。回收率=(测得量－样品中总黄酮量)/加入量×100%。

2. 白簕叶最佳提取工艺考察

选取固液比、乙醇浓度、辐射时间、微波功率 4 个因素进行 4 因素 3 水平正交试验(表 4.5)。按对照品方法显色，于 510nm 的波长处测定吸光度 *A*，代入标准曲线方程，测定含量，计算总黄酮提取率(提取液中皂苷含量/所用原料的总量×100%)。

表 4.5 试验因素及水平

水平	因素			
	A 固液比	B 乙醇浓度/%	C 辐射时间/s	D 微波功率/W
1	1∶10	30	30	160
2	1∶15	40	40	320
3	1∶20	50	50	480

3. 试验结果

1) 标准曲线

经计算得到标准曲线(芦丁)的回归方程为 $Y=33.21C+0.0106$，相关系数 $r=0.9998$，在 0.005～0.035mg/ml 范围内呈良好的线性关系。标准曲线(金丝桃苷)的回归方程为 $Y=46.269C+0.0064$，相关系数 $r=1.0000$，在 0.005～0.035mg/ml 范围内呈良好的线性关系。

2) 重复性、精密度、稳定性、回收率试验结果

如表 4.6 所示，以芦丁为标准品时，精密度和稳定性试验的 RSD 分别为 1.146% 和 0.229%，平均回收率为 99.000%，回收率试验的 RSD 为 2.430%。以金丝桃苷为标准品时，精密度和稳定性试验的 RSD 分别为 0.322%和 0.395%，平均回收率为 103.000%，回收率试验的 RSD 为 0.434%。样品稳定性试验的 RSD 为 0.0763%。结果表明两种测定方法的精密度、稳定性良好，经回收率试验表明都具有良好的准确度和重复性，都适用于白簕总黄酮的测定。

表 4.6 HPLC 回收率、重复性、精密度及稳定性测定结果

成分	回收率 ($\bar{x}\pm s$)/%	回收率 RSD/%	重复性 RSD/%	精密度 RSD/%	标准液稳定性 RSD/%	样品稳定性 RSD/%
芦丁	99.000	2.430	2.045	1.146	0.229	0.0763
金丝桃苷	103.000	0.434	2.023	0.322	0.395	0.0763

3) 微波辅助提取的因素及水平考察结果

溶剂用量对黄酮得量的影响明显，黄酮得量随固液比的增加而呈先上升后下降的趋势［图 4.2(a)］。固液比与总黄酮得量的关系差异极显著($P<0.01$)。其中固液比为 1∶25 时总黄酮得量最高，为 28.35mg，与其他因素水平差异极显著，因此，固液比 1∶25 为最佳固液比，但考虑到随着溶剂用量的增加，浓缩困难增加，所以固液比宜选择 1∶15(总黄酮得量为 26.70mg)。

乙醇浓度对黄酮得量的影响明显，黄酮得量随乙醇浓度的增加而呈先上升后下降的趋势［图 4.2(b)］。乙醇浓度与总黄酮得量的关系差异极显著($P<0.01$)，其中乙醇浓度为 40%和 50%时总黄酮得量最高，它们之间差异不显著($P>0.05$)，分别为 25.96mg 和 26.16mg，与其他因素水平差异极显著($P<0.01$)。

辐射时间对总黄酮得量的影响明显，黄酮得量随辐射时间的增长而呈先增加后下降的趋势［图 4.2(c)］。辐射时间与总黄酮得量的关系差异极显著($P<0.01$)，其中辐射时间为 50s 时总黄酮得量最高，为 26.93mg，与其他因素水平差异极显著($P<0.01$)。当辐射时间超过 50s 后，总黄酮得量开始下降。因此，选择采用间歇微波处理，每次提取 50s 左右为宜。

微波功率对总黄酮得量的影响明显［图 4.2(d)］。微波功率与总黄酮得量的关系差异极显著($P<0.01$)，微波功率为 160W 和 320W 时总黄酮得量最高，分别为 25.37mg 和 25.56mg，与 480W 和 640W 因素水平差异极显著($P<0.01$)。

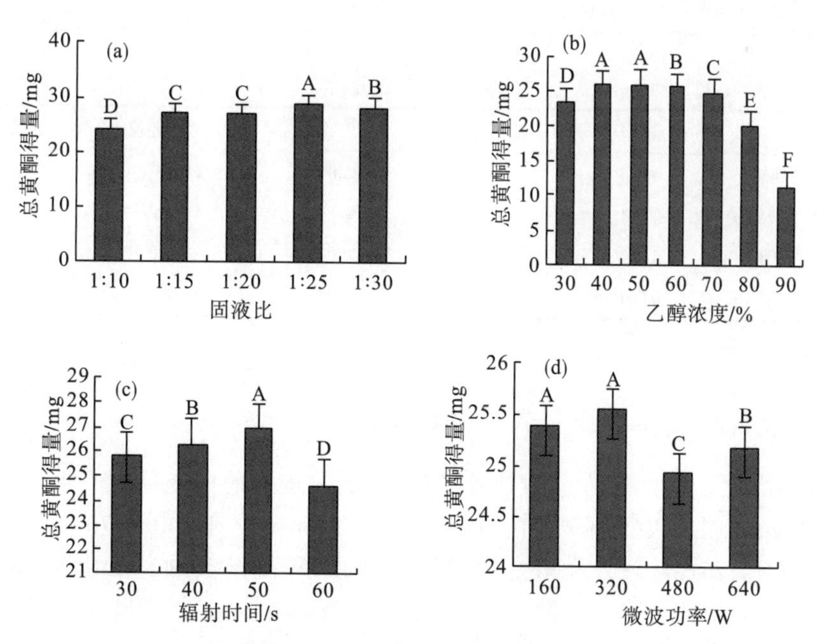

图 4.2　影响叶中总黄酮得量的因素

图中不同大写字母表示在 $P<0.01$ 水平上差异极显著

从极差和方差分析(表 4.7，表 4.8)可知，辐射时间和固液比对白簕叶总黄酮提取具有极显著的影响，4 种因素影响的主次顺序是：辐射时间＞固液比＞微波功率＞乙醇浓度。白簕叶提取总黄酮的最佳工艺为 $C_3A_3D_3B_1$，即微波辐射 50s，固液比采用 1∶20，在微波功率 480W 时选用 30%乙醇溶液，间歇提取 2 次。

表 4.7　$L_9(3^4)$ 正交试验结果

序号	A	B	C	D	总黄酮含量/(mg/g)	提取率/%
1	1	1	1	1	39.49	3.95
2	1	2	2	2	40.47	4.05
3	1	3	3	3	42.92	4.29
4	2	1	2	3	44.39	4.44
5	2	2	3	1	45.07	4.51
6	2	3	1	2	42.05	4.21
7	3	1	3	2	46.13	4.61
8	3	2	1	3	42.86	4.29
9	3	3	2	1	43.46	4.35
K_1	1.506	1.593	1.525	1.569		
K_2	1.612	1.574	1.573	1.577		
K_3	1.623	1.574	1.644	1.595		
R	0.117	0.019	0.119	0.026		

表 4.8　方差分析

因素	偏差平方和	自由度	F比	F临界值	显著性
固液比	0.025	2	25.000	18.000	极显著
乙醇浓度(误差)	0.001	2	1.000	18.000	
辐射时间	0.022	2	22.000	18.000	极显著
微波功率(误差)	0.001	2	1.000	18.000	

注：$F_{0.01}(2，2)=18$

4. 最佳标准品选择和最佳提取工艺

黄酮类化合物具有特定的紫外吸收带(其结构中的肉桂酰环产生的 I 带在 300～400nm，由苯甲酰环产生的Ⅱ带在 240～285nm)。在 240～370nm 测定芦丁和金丝桃苷标准品溶液及样品提取液的吸收值，芦丁和金丝桃苷在Ⅱ带 260nm 均有最大吸收，样品有较大吸收，确定选择波长 260nm 作为紫外可见分光光度法的测量波长。分别以芦丁和金丝桃苷为对照品，测定药材同一份样品时，以芦丁为对照品测定的结果(23.89mg/ml)比以金丝桃苷为对照品测定的结果(17.24mg/ml)高。由于双糖苷的分子质量比单糖苷的分子质量大，当吸收度相同时，双糖苷(芦丁)代表的质量比单糖苷(金丝桃苷)代表的质量大，最终计算得到的样品含量就会高一些。

白簕叶提取总黄酮的最佳工艺为微波辐射 50s，固液比采用 1∶20，在微波功率 480W 时选用 30%乙醇溶液。按最佳工艺组合进行 3 次平行试验，总黄酮平均含量为 50.04mg/g，所选取的提取工艺确为最佳工艺。

4.4.3　白簕叶总黄酮分离纯化工艺优化

1. 大孔吸附树脂柱色谱运用

白簕叶总黄酮提取制备和含量测定参照上述最佳提取工艺，用大孔吸附树脂柱色谱对白簕总黄酮进行分离纯化。

1) 大孔吸附树脂的筛选

选用 8 种预处理好的树脂(用滤纸吸干表面的水分)1g 各 3 份，置于 150ml 具塞磨口三角瓶中，加入总黄酮质量浓度为 1.35mg/ml 的白簕叶黄酮提取液 20ml，25℃恒温条件下，置于恒温振荡器 180r/min 振荡 6h，静置 24h，测定总黄酮的含量，并分别将充分吸附后的树脂抽滤，然后置于 150ml 具塞三角瓶中，加入 20ml 70%乙醇溶液，在 25℃恒温条件下，置于振荡器 180r/min 振荡洗脱 6h 后静置 24h，测定洗脱液质量浓度，按照下式计算吸附量(Q)、吸附率(A)、洗脱量(B)和洗脱率(D)。

$$吸附量\ Q=(C_0-C_r)\times V/W$$

$$吸附率\ A(\%)=(C_0-C_r)/C_0\times 100\%$$

$$洗脱量\ B=C\times V/W$$

$$洗脱率\ D(\%)=(V\times C)/A\times 100\%$$

式中，Q 为吸附量(mg/g 干树脂)；C_0 为起始总黄酮浓度(mg/ml)；C_r 为吸附后溶液中总黄酮浓度(mg/ml)；V 为溶液体积(ml)；C 为洗脱后溶液中总黄酮浓度(mg/ml)；W 为树脂质量(g)；A 为吸附率(%)；B 为洗脱量(mg/g)；D 为洗脱率(%)。

2) 静态吸附动力学曲线的制作

准确称取 8 种预处理好的树脂(用滤纸吸干表面的水分)1g，置于 150ml 具塞磨口三角瓶中，加入总黄酮质量浓度为 1.35mg/ml 的白簕叶黄酮提取液 20ml，25℃恒温条件下，置于振荡器 180r/min 振荡 2h 后，于 1h、2h、3h、4h、5h、24h 吸取上清液 0.2ml，定容至 10ml，测定吸光度，计算各大孔吸附树脂对总黄酮的吸附量，并绘制 8 种大孔吸附树脂的静态吸附动力学曲线。

3) 动态吸附条件的考察

(1) 动态吸附泄漏曲线。取经优选并处理好的树脂 20g 装柱，以 1BV/h 的流速加样液(总黄酮质量浓度为 1.35mg/ml)进行动态吸附，共加 60ml 样液。按树脂床体积收集流出液，每一树脂床体积为 1 份，共收集了 6 份。测定吸光度，计算总黄酮质量浓度，绘制泄漏曲线。

(2) 动态吸附。取预处理过的树脂湿法装柱，量取一定量的白簕叶黄酮提取液，在不同的条件下分别考察上样流速、上样浓度、pH 等因素对吸附的影响。

(3) 动态洗脱条件的考察。取树脂湿法装柱，量取一定量的白簕叶黄酮提取液，分别考察蒸馏水除杂质效果、洗脱流速、洗脱液浓度、洗脱体积、pH 等因素对洗脱率和洗脱纯度的影响。纯度按下式计算：

$$\text{纯度(\%)}=\frac{\text{经回归方程计算的10ml洗脱液中总黄酮质量}}{\text{加入洗脱液并干燥后量瓶质量}-\text{加入洗脱液前量瓶质量}}\times 100\%$$

(4) 薄层色谱检验。用 TLC 法作定性检验，即分别将芦丁标准品溶液、金丝桃苷标准品溶液和洗脱液点于聚酰胺薄膜上，在甲醇-乙酸-水 (90∶5∶5) 和正丁醇-乙醇-水 (1∶4∶5) 两种展层剂中展开，取出晾干，喷 1%三氯化铝乙醇显色剂，热风吹烤至斑点清晰，置紫外灯下观察荧光斑点。

2. 试验结果

1) 最佳吸附树脂的选择

综合考察 8 种树脂的吸附、洗脱效果，选择 HPD-600 树脂进行白簕叶总黄酮的纯化研究 (表 4.9)。

表 4.9　8 种大孔吸附树脂对白簕叶总黄酮的静态吸附性能的考察

树脂类型	吸附量/(mg/g)	吸附率/%	洗脱量/(mg/g)	洗脱率/%	性质	孔径/nm	比表面/(m^2/g)
AB-8	22.08	85	9.62	43.57	弱极性	130～140	480～520
X-5	17.20	66.5	6.52	37.93	非极性	290～300	500～600
NKA-9	24.72	93.2	9.08	36.75	极性	155～165	250～290
D4020	18.94	72.6	6.96	36.78	非极性	100～105	540～580
D3520	23.17	87.4	9.15	39.45	非极性	85～90	480～520
HPD-600	23.90	90.1	14.43	60.40	极性	100～300	500～600
HPD-417	22.97	86.6	9.93	43.23	氢键	25～30	90～150
HPD-722	24.76	93.4	11.60	46.85	弱极性	130～140	485～530

2) 动态吸附泄漏曲线

经以 1ml/min 的流速加样液 (总黄酮质量浓度为 1.35mg/ml) 进行动态吸附，收集过柱液，测定吸光度，计算总黄酮质量浓度，绘制泄漏曲线，泄漏点为 3BV (30ml)。

3) 动态吸附效果

20g 预处理过的 HPD-600 树脂湿法装柱，量取一定量的白簕叶黄酮提取液，在不同的条件下分别考察上样流速、上样浓度、pH、不同溶剂对吸附的影响。

取上样液(总黄酮质量浓度为 1.35mg/ml)，分别以 0.5ml/min、1ml/min、1.5ml/min、2ml/min、2.5ml/min 的流速通过色谱柱，收集过柱液。测定总黄酮含量，计算吸附率。由图 4.3(a)可以看出，随着上样流速的增大，吸附率明显减小，以上样流速为 0.5ml/min 为最佳。

分别取不同浓度的上样液(4mg/ml、2.01mg/ml、1.35mg/ml、1.09mg/ml)以 0.5ml/min 的流速通过色谱柱，收集过柱液。测定总黄酮含量，计算吸附率。由图 4.3(b)可以看出，随着上样浓度的增加，吸附率明显增大，选择浓度为 4mg/ml 的样液上样。

取不同梯度 pH(1～2、3～4、5～6、7～8、9～10)的上样液以 0.5ml/min 的流速通过色谱柱，收集过柱液。测定总黄酮含量，计算吸附率。结果如图 4.3(c)所示，图 4.3(c)中横坐标上的数值分别代表：1 为 pH 1～2，2 为 pH 3～4，3 为 pH 5～6，4 为 pH 7～8，5 为 pH 9～10。上样液为酸性时吸附率高，pH 越大，对吸附的影响越不利。选择 pH 5～6 的样液上样，即原液。

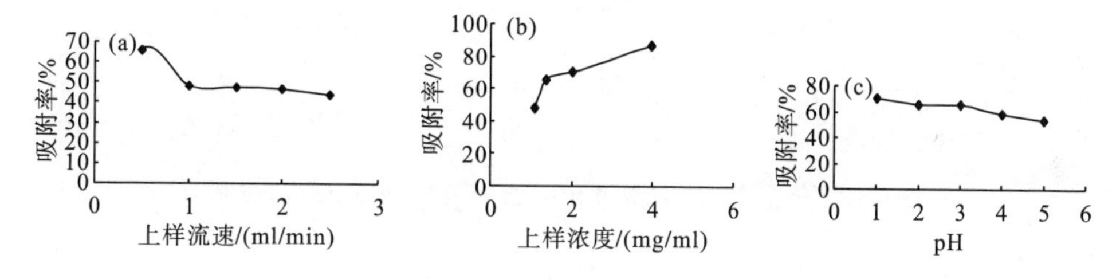

图 4.3　上样流速、上样浓度和 pH 对吸附率的影响

4) 动态洗脱效果

取不同浓度梯度 10%、30%、50%、70%、90%的乙醇溶液 60ml 以 0.4ml/min 的流速通过已吸附白簕叶黄酮的色谱柱，收集洗脱液。测定总黄酮含量，计算洗脱率，并各取 10ml 洗脱液进行纯度检验，结果如图 4.4(a)所示，70%的乙醇溶液洗脱效率最高，但综合纯度评判，50%的乙醇洗脱效果最佳。薄层色谱(TLC)结果显示，10%、30%、50%、70%、90%的乙醇洗脱液中均有黄色斑点。在展层剂甲醇-乙酸-水(90∶5∶5)中，斑点 1 与芦丁标品的 Rf 值一样，都是 0.557，斑点 2 与金丝桃苷标准品的 Rf 值一样，都是 0.333。在展层剂：正丁醇-乙醇-水(1∶4∶5)中，斑点 1 与芦丁标品的 Rf 值一样，都是 0.538，斑点 2 与金丝桃苷标准品的 Rf 值一样，都是 0.308。不同浓度的洗脱液中均含有芦丁和金丝桃苷。

分别用不同 pH(1～2、3～4、5～6、7～8、9～10)，浓度为 70%的乙醇溶液

作洗脱剂，收集洗脱液。测定总黄酮含量，计算洗脱率，并各取 10ml 洗脱液进行纯度检验，结果如图 4.4(b)所示，图 4.4(b)中横坐标上的数值分别代表：1 为 pH 1～2，2 为 pH 3～4，3 为 pH 5～6，4 为 pH 7～8，5 为 pH 9～10。薄层色谱结果 pH 1～2、3～4、5～6 的洗脱液均有黄色斑点，在展层剂甲醇-乙酸-水(90∶5∶5)中，斑点 1 与芦丁标准品的 Rf 值一样，都是 0.557，斑点 2 与金丝桃苷标准品的 Rf 值一样，都是 0.333。在展层剂正丁醇-乙醇-水(1∶4∶5)中，pH 1～2、3～4、5～6 的洗脱液均有黄色斑点，且斑点 1 与芦丁标准品的 Rf 值一样，都是 0.538，斑点 2 与金丝桃苷标准品的 Rf 值一样，都是 0.308。pH 7～8、9～10 的洗脱液均未见黄色斑点。结论为 pH 1～2、3～4、5～6 的洗脱液均含有芦丁和金丝桃苷。pH 7～8、9～10 的洗脱液未检出黄酮。

用 40ml 70%的乙醇溶液分别以 0.5ml/min、1.0ml/min、1.5ml/min、2.0ml/min、2.5ml/min 的流速通过已吸附白簕黄酮并经 40ml 水洗的 5 根柱子，收集洗脱液。测定总黄酮含量，计算洗脱率，并各取 10ml 洗脱液进行纯度检验，结果如图 4.4(c)所示，综合考虑洗脱率和洗脱纯度，选取洗脱速率为 1.5ml/min。

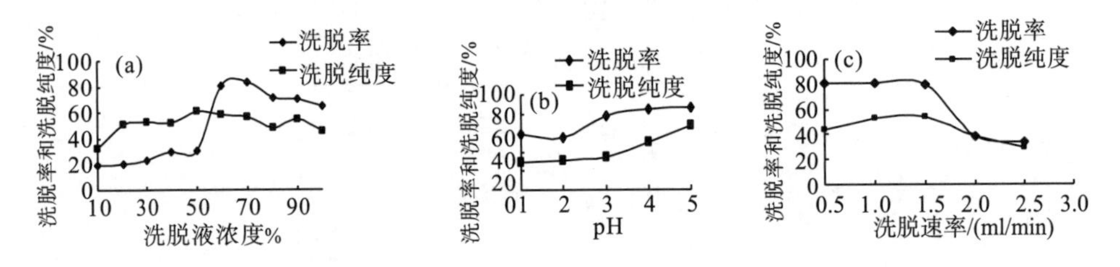

图 4.4 洗脱液浓度、洗脱液 pH、洗脱速率对洗脱效果的影响

3. 白簕总黄酮分离纯化的最佳工艺

考察了聚酰胺树脂的吸附量、洗脱率及静态吸附动力学特征，对白簕叶总黄酮进行初步的纯化富集。确定了其纯化工艺条件：上样溶液浓度为 3.23mg/ml，pH 为 5～6(原液)，以 1.5ml/min 的吸附流速上样，再以 60ml 60%乙醇溶液对吸附后的树脂进行洗脱，洗脱速率为 1.5ml/min，洗脱剂 pH 为 9～10，洗脱纯度超过 60%。该工艺简单，成本低，易于工业化生产。

试验结果显示，吸附时 pH 的影响不大，这可能是由于酸性环境有利于聚酰胺对黄酮的吸附，通常一种物质在某种溶剂中溶解度大，树脂对其吸附力就弱；而碱性环境又增大了黄酮的溶解量，因此，最终导致上样液 pH 对吸附的影响不大。试验从树脂极性和生产考虑选用毒性最小的乙醇(极性)作为洗脱剂；洗脱液的 TLC 结果显示白簕中含有芦丁和金丝桃苷、槲皮苷等黄酮醇单体。聚酰胺的色谱分离机制比较复杂。链状的聚酰胺分子上有许多酰胺基团，形成活性中心。在非水体系溶剂中它和弱极性分子相互作用，主要表现出吸附色谱的性能，溶剂的洗脱能力从极性小到大而递增。但是在极性溶剂和水溶液中，由于酰胺基能与酸、酮、醇、酚及胺等化合物生成氢键，因此对这类化合物，以生成氢键能力的强弱而实现选择性的分离。白簕黄酮的开发利用提供了有价值的参考依据，具有一定的理论意义和较大的实际应用价值。大孔吸附树脂和聚酰胺都可以用于白簕黄酮的纯化，但聚酰胺的纯化效果稍优于大孔吸附树脂。纯化工艺操作简便，成本较低，产品纯度较高，且填料可反复使用，可适用于工业生产，具有很强的推广应用价值。

4. 白簕各个部位总黄酮含量的比较

制备白簕根皮、茎皮、叶、木质部提取液。根据上述白簕的最优提取、纯化分离工艺，分别对白簕的各部位进行总黄酮的提取纯化，含量测定方式与上述方法一致。白簕各部位黄酮含量有差异：叶(31.70mg/g)＞茎皮(24.36mg/g)＞根皮(22.23mg/g)＞木质部(19.91mg/g)。白簕叶的总黄酮含量最高，而传统用药部位根皮的总黄酮含量与茎皮和木质部的差异不大。

表 4.10　白簕不同部位总黄酮含量的比较

部位	吸光度	总黄酮得率/(mg/g)	提取率/%
根皮	1.053	22.23	2.2
茎皮	1.165	24.36	2.4
叶	1.518	31.70	3.2
木质部	0.951	19.91	2.0

4.5　白簕皂苷超声提取和微波辅助提取、分离纯化工艺研究

4.5.1　白簕中皂苷类化合物

白簕的化学成分预试结果表明，根、茎、叶中均含有皂苷类化合物，但各部位的含量如何尚未得知，因此，通过正交试验得到皂苷提取的最佳工艺，再对白簕的根、茎、叶的皂苷进行提取并比较各部位的含量情况。

1. 皂苷的性质

我国具有丰富的皂苷植物资源，其中五加科植物是重点研究对象，其中人参[158]、三七、西洋参和刺五加等报道得较多也较系统。皂苷是苷类的一种，由于它的水溶液振荡时产生大量持久性蜂窝状的泡沫，与肥皂相似，因而得名。皂苷多为白色无定形粉末，少数为晶体。皂苷是一类比较复杂的分子，从化学结构上看，皂苷是螺甾烷及其生源相似的甾类化合物的寡糖苷及三萜类化合物

的寡糖苷所组成，且具有苦而辛辣的味道，其粉末对人体黏膜有强烈的刺激性，能引起打喷嚏。

皂苷的理化性质[159]：①表面活性。皂苷多兼有亲水性(糖链)和亲脂性(苷元及酯基等)部位，因亲水性与亲脂性达到分子内平衡而表现出表面活性，具有降低水溶液表面张力的作用。②刺激性。皂苷多具有苦而辛辣的味感，个别如甘草皂苷具有甜味。其粉末对人体各部位的黏膜均有强烈的刺激性，尤以鼻内黏膜最为敏感，吸入鼻内能引起打喷嚏。③溶解性。皂苷通常不溶于乙醚、苯、氯仿等脂性有机溶剂，在冷乙醇中的溶解度也很低。皂苷一般可溶于水，易溶于热水、含水乙醇、热甲醇和热乙醇中。皂苷在含水丁醇或戊醇中溶解性好。丁醇和戊醇都能与水分层，故常用它们从水溶液中萃取皂苷，借以与亲水性大的糖、蛋白质等分离。当皂苷水解成次级皂苷后，在水中的溶解度降低，易溶于中等极性的醇、丙酮、乙酸乙酯等；完全水解失去糖链的苷元大多难溶于水，易溶于石油醚、苯、乙醚、氯仿等低极性溶剂。④物理性质。皂苷分子较大，一般不易结晶，大多数为白色或乳白色粉末。少数短糖链皂苷为结晶，但皂苷元大多有完好的结晶。皂苷的熔点往往较高，且常在熔融前分解，因此大多皂苷无明显熔点，一般测得的是其分解点(多在 200～350℃)。⑤溶血作用。低浓度的皂苷水溶液可破坏红细胞而产生溶血作用，因此皂苷又被称为皂毒素。

2. 皂苷的药理功效和生物活性

我国古代早就有应用含皂苷的中药治病的记载，历代应用含皂苷成分的中药方剂更是不胜枚举。已有的研究显示，苷元的结构对皂苷的生物活性起决定性作用[160,161]。甾体皂苷如沿阶草皂苷、知母皂苷等则显示有抗肿瘤、抗真菌和细菌，以及降低胆固醇的作用[162,163]。以从植物中提取的甾体皂苷为起始原料合成的甾体激素类药物用于治疗风湿性关节炎、心脏病、红斑狼疮，可以止血、抗肿瘤和用作避孕药，还可以利用甾体原料合成镇痛药、麻醉药、杀虫剂、冠心病药等[164]。现代研究表明，中药皂苷类成分能解热、降温、镇静、镇痛、抗菌、消炎，能刺激黏膜促进分泌，通常用作清热、解毒、止咳、化痰、抗菌、消炎药，临床多用于治疗各种感冒、发烧、咳嗽等，如柴胡、桔梗、远志等。一些皂苷如三七皂苷对消肿定痛、改善心血管功能方面作用明显，人参皂苷能明显增强机体的免疫机能，改善物质代谢，促进造血功能，调节人体的阴阳平衡、气血平衡和代谢平衡[165-167]。在抗癌活性上，最近的研究格外令人瞩目，研究证实，从中药人参中提取得到的人参皂苷有抗癌作用，人参茎叶皂苷可抑制肿瘤细胞的 RNA 和 DNA 合成。人参皂苷还有增强机体免疫调节的功能，提高机体对癌变的抵抗能力。知母皂苷的抗癌作用是通过调节癌发育基因表达的调节因子，由一种称为钠钾-ATP 酶的物质来实现的[168]。然而越来越多的研究表明，皂苷不但具有广泛的药理作用和生物活性，而且可以作为食品添加剂如天然甜味剂、保护剂、发泡剂、增味剂、抗氧剂等[169,170]。

4.5.2　白簕皂苷的提取工艺研究

1. 白簕皂苷类化合物两种提取工艺的对比研究

根据实验室的条件及预试结果，运用超声提取和微波辅助提取技术，考察了固液比、提取时间、提取温度和提取功率等对白簕叶总皂苷提取的影响；在单因素试验的基础上，按 $L_9(3^4)$ 法设计试验考察提取工艺，确定最佳提取工艺[22,171]。目前国内尚无白簕皂苷类成分的法定对照品，故选用羽扇豆醇作为对照品，采用分光光度法测定白簕总皂苷含量。

1) 试剂与仪器

无水乙醇、高氯酸、香草醛-冰醋酸、乙酸乙酯等均为分析纯，水为蒸馏水。瑞士 BU CHI R-200 旋转蒸发仪、德国 Eppendorf Research 移液器、752 型紫外-可见分光光度计、G8023CSL-K3 格兰仕微波炉、昆山市超声仪器有限公司 KQ3200DE 型数控超声波清洗器、上海亚荣 SH Z-Ⅲ循环水真空泵、北京赛多利斯 BT124S 型电子天平、PC-1000 数显式电热恒温水浴锅、101A-2 型电热鼓风恒温干燥箱。

2) 样品处理和提取液制备

将自然干燥的白簕根、茎、叶粉末，过 60 目筛，置索氏提取器中，用石油醚(b.p. 30～60℃)连续回流脱脂、脱色 20h，样品置于通风处干燥备用。精确称取 10.00mg 羽扇豆醇标准品(120℃减压干燥至恒重)，用甲醇溶解后，于 25ml 容量瓶中定容，即得羽扇豆醇标准品溶液(0.4mg/ml)。

3) 标准曲线绘制

精密吸取羽扇豆醇标准品溶液 0.00ml、0.10ml、0.20ml、0.30ml、0.40ml、0.50ml、0.60ml、0.70ml、0.80ml 分别移入 10ml 容量瓶中(稀释后的浓度分别为 0.000mg/ml、0.040mg/ml、0.080mg/ml、0.120mg/ml、0.160mg/ml、0.200mg/ml、0.240mg/ml、0.280mg/ml、0.320mg/ml)，于 70℃水浴使甲醇挥发，在 560nm 下测定吸光度(A)。每个浓度平行测定 3 次，以 A 值 3 次的平均值为纵坐标，羽扇豆醇浓度 C 为横坐标绘制标准曲线。

4) 重复性、精密度、稳定性、回收率试验

重复性：精密吸取 6 份羽扇豆醇标准品溶液，每份 1ml，测定吸光度，并计算相对标准偏差 RSD。稳定性：精密吸取制备的提取溶液和标准品溶液各 0.5ml，每 5min 测定 1 次吸光度，考察 40min。回收率：精密吸取提取液 6 份，分别置于 10ml 容量瓶中，加入一定量羽扇豆醇标准品，计算平均回收率和 RSD。回收率=(测得量－样品中总皂苷量)/加入量×100%。

2. 超声提取白簕叶皂苷工艺的考察

1) 单因素试验

影响皂苷超声提取的主要因子有固液比、超声提取时间、超声提取温度和超声提取功率等，试验分别对其进行了单因素试验。试验设置了不同固液比(1∶10、1∶15、1∶20、1∶25、1∶30)、超声提取时间(10min、15min、20min、25min、30min、35min、40min、45min、50min、55min、60min)、超声提取温度(20℃、30℃、40℃、50℃、60℃、70℃)和超声提取功率(40W、50W、60W、70W、80W、90W、100W) 4 个单因子，以确定各因子的影响效果和适宜的参数范围。

2) 超声提取正交试验

在单因素试验的基础上，确定以超声时间(A)、超声功率(B)、超声温度(C)、固液比(D) 4 个因素进行正交试验设计(表 4.11)。选用 $L_9(3^4)$ 正交表进行正交试验，对结果进行方差分析和显著性检验。每个因素各设置 3 个水平，制定因素水平表。按正交设计表 $L_9(3^4)$ 安排试验，精密称取 4.000g 白簕叶粉末，按正交表的设计进行提取，将提取液真空抽滤，定容 100ml，分别取出 1ml，在 70℃水浴下挥干溶剂，按对照品方法显色，于波长 500nm 处测定吸光度 *A*，代入标准曲线方程，计算总皂苷提取率(提取液中皂苷含量/所用原料的总量×100%)。

表 4.11　试验因素及水平

水平	因素			
	A 超声时间/min	B 超声功率/W	C 超声温度/℃	D 固液比/(g/ml)
1	30	60	50	1∶10
2	35	70	60	1∶20
3	40	80	70	1∶30

3. 微波辅助提取白簕叶总皂苷的工艺研究

1) 单因素试验

影响皂苷微波提取的主要因子有提取剂、固液比、微波提取时间、微波提取温度和微波提取功率等，试验分别对其进行了单因素试验。试验设置了不同浓度的乙醇(10%、20%、30%、40%、50%、60%、70%、80%、90%)、固液比(1∶6、1∶8、1∶10、1∶12、1∶14、1∶16、1∶18)、微波提取时间(30s、40s、50s、60s、70s)和微波提取功率(160W、320W、480W、640W、800W) 4 个单因子，以确定各因子的影响效果和适宜的参数范围。

2) 微波辅助提取正交试验

在单因素试验的基础上，确定固液比(A)、乙醇浓度(B)、辐射时间(C)和微波功率(D) 4 个因素来设计正交试验，每个因素各设置 3 个水平，制定因素水平表。

按正交设计表 $L_9(3^4)$ 安排试验，精密称取 4.000g 白簕叶粉末，按正交表的设计进行提取，将提取液真空抽滤，定容 100ml，分别取出 1ml，在 70℃水浴下挥干溶剂，按对照品方法显色，于波长 500nm 处测定吸光度 A，代入标准曲线方程，测定含量，计算总皂苷提取率(提取液中皂苷含量/所用原料的总量×100%)。

表 4.12 试验因素及水平

水平	因素			
	A 固液比	B 乙醇浓度/%	C 辐射时间/s	D 微波功率/W
1	1∶8	60	30	160
2	1∶10	70	50	480
3	1∶16	80	60	640

4. 试验结果

1)标准曲线

经计算得到标准曲线的回归方程为 $Y=1.0179C+0.0001$，相关系数 $r=0.9998$，在 0.04～0.32mg/ml 呈良好的线性关系。

2)重复性、精密度、稳定性、回收率试验结果

重复性、精密度、稳定性和加样回收率的试验结果表明(表 4.13)：精密度试验 RSD<5%，说明仪器精密度良好；显色后每隔 5min 检测一次，标准品溶液和样品溶液的吸光度在 40min 内是稳定的。

表 4.13 重复性、精密度、稳定性和加样回收率测定结果

成分	回收率 ($\bar{x}\pm s$)/%	回收率 RSD/%	重复性 RSD/%	精密度 RSD/%	标准液稳定性 RSD/%	样品稳定性 RSD/%
羽扇豆醇	99.550	1.760	1.124	0.033	0.034	0.042

3)超声提取试验结果

超声时间分别为 10min、15min、20min、25min、30min、35min、40min、45min、50min、55min、60min，超声功率为 50W，乙醇浓度为 70%，固液比为 1∶20，温度为 30℃。超声时间在 35min 内，皂苷的溶出随时间的延长而增大，超过 35min 后，呈下降趋势。在 35min 内，随超声时间的延长，细胞的破裂越来越完全，因而总皂苷的含量也随之增加；继续延长时间，植物组织中大量细胞破裂，导致细胞内大量不溶物及较多黏液质等混入提取液中，使溶液中杂质增多，黏度增大，从而增大了传质阻力，影响了有效成分的溶出。也有可能是因为超声时间太长，超声波的空化机械效应会破坏皂苷的结构，产生了其他的杂质，从而影响了测定结果。因此，超声提取时间 35min 为最佳［图 4.5(a)］。

超声功率分别为 40W、50W、60W、70W、80W、90W、100W，超声时间为 35min，超声温度为 30℃，乙醇浓度为 70%，固液比为 1∶20。超声功率从 40W 增大到 80W 时，总皂苷含量增大幅度较大，超过 80W 后，含量下降。原因是随着超声功率的提高，加强了胞内物质的释放、扩散及溶解，从而提高了提取物的含量，但随着超声功率的进一步提高，白簕叶粉末中杂质溶出，从而降低了总皂苷的含量，超声功率为 80W 时，白簕叶总皂苷的提取率最高［图 4.5(b)］。

超声温度分别为 20℃、30℃、40℃、50℃、60℃、70℃，乙醇浓度为 70%，固液比为 1∶20，超声功率为 80W，超声时间为 35min，结果如图 4.5(c)所示，随着温度的升高总皂苷的含量增大，温度达到 60℃时，总皂苷的含量最高，温度再升高总皂苷含量呈下降趋势。原因可能是随着温度升高，皂苷在溶剂中的溶解度增大了，同时提取液的黏度减小，扩散系数增加，促进提取速度加快，从而提高了提取物的含量；但温度再升高，活性成分易被破坏，杂质的溶出量增大，给后续工作带来不便，成本费用增大。因此，超声提取温度以 60℃为宜［图 4.5(c)］。

固液比分别为 1∶10、1∶15、1∶20、1∶25、1∶30，乙醇浓度为 70%，超声温度为 60℃，超声功率为 80W，超声时间为 35min，随着固液比的升高总皂苷的含量增大，固液比达到 1∶20 时，总皂苷的含量最高，固液比再增大，总皂苷提取率呈下降趋势。因此，固液比 1∶20 为宜［图 4.5(d)］。

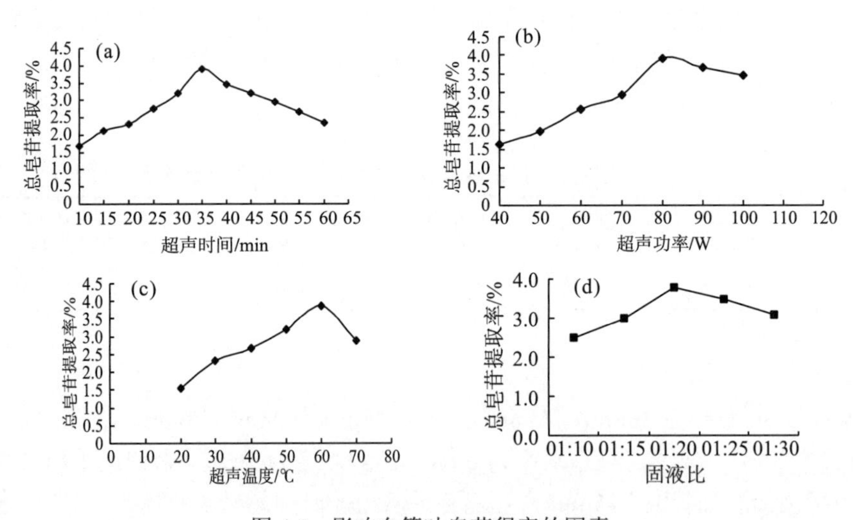

图 4.5 影响白簕叶皂苷得率的因素

在单因素试验的基础上，用香草醛-冰醋酸显色，利用紫外分光光度计在 500nm 处测定白簕叶总皂苷的吸光度，并计算其提取率。单因素试验表明，利用超声提取技术对白簕叶总皂苷进行提取时，超声时间(A)、超声功率(B)、超声温度(C)、料液比(D)4 个因素对其提取率均有不同程度的影响。因此在单因素试验的基础上，通过 4 因素 3 水平正交试验来进一步优化白簕叶总皂苷的超声取工艺参数，每组正交试验重复处理 3 次，进行正交试验设计(表 4.14)。

表 4.14　$L_9(3^4)$ 正交试验结果

序号	A	B	C	D	平均吸光度(A)	提取率/%
1	1	1	1	1	1.348	3.31
2	1	2	2	2	1.356	3.33
3	1	3	3	3	1.405	3.45
4	2	1	2	3	1.649	4.05
5	2	2	3	1	1.853	4.55
6	2	3	1	2	1.515	3.72
7	3	1	3	2	1.266	3.11
8	3	2	1	3	0.989	2.43
9	3	3	2	1	1.466	3.60
K_1	3.363	3.490	3.153	4.137		
K_2	4.107	3.437	3.660	3.387		
K_3	3.047	3.590	3.703	3.310		
R	1.060	0.153	0.550	0.827		

4 因素对白簕叶总皂苷提取效果的影响与单因素试验的结果基本趋同。经过计算各因素各水平数据之和 K 值可知各因素的极差 R，由极差分析可知，4 种因素影响的主次顺序是：超声时间＞超声温度＞固液比＞超声功率(表 4.14)。经过表 4.15 的方差分析表明，超声时间对白簕叶总皂苷提取率具有显著的影响，其他 3 因素水平的改变对白簕叶总皂苷提取率无显著影响。正交试验结果显示，在本试验条件下，从白簕叶提取总皂苷的最佳工艺为 $A_2C_3D_1B_3$，即超声时间 35min，超声温度为 70℃，固液比为 1∶10，超声功率为 80W。

表 4.15　方差分析

因素	偏差平方和	自由度	F 比	F 临界值	显著性
超声时间	1.776	2	49.333	19.000	显著
超声功率	0.036	2	1.000	19.000	
超声温度	0.561	2	15.583	19.000	
固液比	0.454	2	12.611	19.000	

注：$F_{0.05}(2，2)=19.00$

4) 微波辅助提取试验结果

精密称取白簕叶粉末 4.000g 数份，分别加入水及不同浓度的乙醇溶液(10%、20%、30%、40%、50%、60%、70%、80%、90%)各提取两次，每次 30s，合并两次提取液，真空抽滤，将滤液定容至 100ml，分别取出 1ml，在 70℃水浴下挥干溶剂，并按照标准品方法显色，于波长 500nm 处测定吸光度 A，代入标准曲线方程，计算皂苷含量和提取率。在其他条件固定下以 70%乙醇溶液为提取溶剂，样品的吸光度最大，而且提取率也最高，因此选择 70%乙醇溶液作为溶剂为微波辅助提取法的最佳提取浓度，如图 4.6(a)所示。

精密称取白簕叶粉末4.000g，加入10倍量70%乙醇溶液，分别于160W、320W、480W、640W 及 800W 下提取两次，于波长 500nm 处测定吸光度，代入标准曲线方程，计算提取率和总皂苷含量。结果表明在其他条件固定下微波功率为 480W 时提取所得样品的吸光度最大，而且提取率也最高，因此选择 480W 为微波辅助提取法的最佳提取功率，如图 4.6(b)所示。

精密称取 4.000g 白簕叶粉末 5 份，加入 10 倍量 70%乙醇溶液，提取次数固定为两次，分别提取 30s、40s、50s、60s、70s，将两次提取液合并，真空抽滤，将滤液定容至 100ml，分别取出 1ml，在 70℃水浴下挥干溶剂，于波长 500nm 处测定吸光度，代入标准曲线方程，计算提取率和总皂苷含量，考察微波时间对总皂苷提取率的影响。微波时间为 50s 时，总皂苷提取率最高。因此选择 50s 作为微波辅助提取法的最佳提取时间，如图 4.6(c)所示。

精密称取4.000g 白簕叶粉末6 份，将提取次数固定为两次，提取时间固定为30s，不浸泡，分别以 1∶6、1∶8、1∶10、1∶12、1∶14、1∶16、1∶18 的固液比用 70%的乙醇溶液提取，将两次提取液合并，真空抽滤，将滤液定容至 100ml，分别取出 1ml，在 70℃水浴下挥干溶剂，于波长 500nm 处测定吸光度，代入标准曲线方程，测定含量，计算提取率和总皂苷含量，考察提取固液比对总皂苷提取率的影响，在其他条件固定下以固液比为 1∶8 时，样品的吸光度最大，而且提取率也最高，因此选择固液比 1∶8 作为微波辅助提取法的最佳提取固液比，如图 4.6(d)所示。

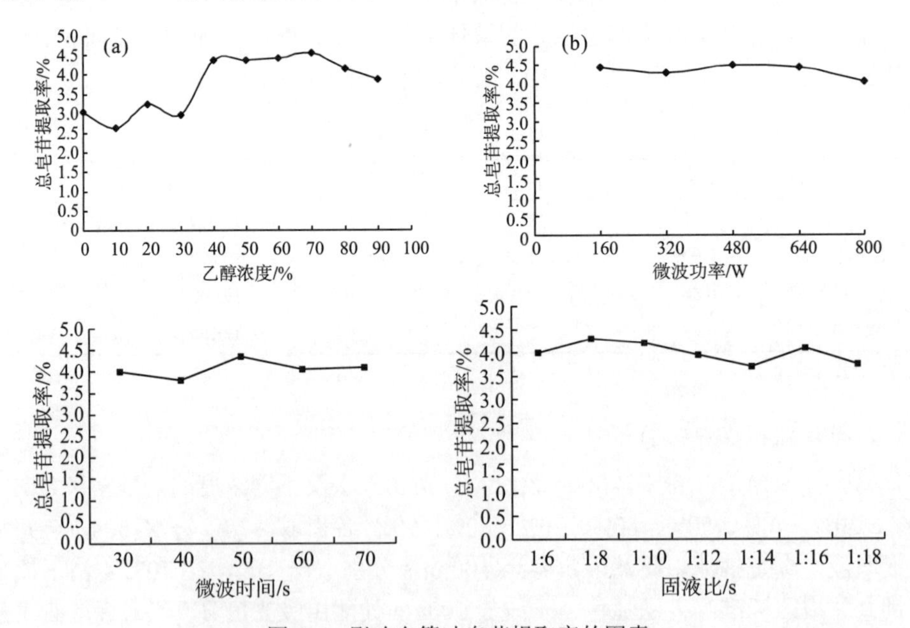

图 4.6 影响白簕叶皂苷提取率的因素

从极差和方差分析(表 4.16，表 4.17)可知，固液比和微波功率对白簕叶总皂苷提取具有极显著的影响，4 种因素影响的主次顺序是：微波功率＞乙醇浓度＞固液比＞辐射时间。白簕叶提取总皂苷的最佳工艺为 $D_1B_2A_1C_3$，即微波功率 160W，乙醇浓度为 70%，固液比采用 1∶8，辐射时间为 50s。

表 4.16　$L_9(3^4)$正交试验结果

序号	A	B	C	D	平均吸光度 A	提取率/%
1	1	1	1	1	2.097	5.15
2	1	2	2	2	2.011	4.94
3	1	3	3	3	2.044	5.02
4	2	1	2	3	1.960	4.81
5	2	2	3	1	2.060	5.06
6	2	3	1	2	1.796	4.41
7	3	1	3	2	1.893	4.65
8	3	2	1	3	2.052	5.04
9	3	3	2	1	1.954	4.80
K_1	5.037	4.870	4.867	5.003		
K_2	4.760	5.013	4.850	4.667		
K_3	4.830	4.743	4.910	4.957		
R	0.277	0.270	0.060	0.336		

表 4.17　方差分析

因素	偏差平方和	自由度	F 比	F 临界值	显著性
固液比	0.124	2	20.667	19.000	显著
乙醇浓度	0.109	2	18.167	19.000	
辐射时间	0.006	2	1.000	19.000	
微波功率	0.200	2	33.333	19.000	显著

注：$F_{0.05}(2，2)$=19.000

5. 最佳工艺条件的验证

通过超声单因素试验，得出超声时间为 35min，超声功率为 80W，固液比为 1∶10，超声温度为 70℃时，白簕叶粉末皂苷提取率较高。通过正交试验，得出各因素对提取效果影响的顺序依次为：超声时间＞超声温度＞固液比＞超声功率。通过方差分析检验可知，超声时间这一种因素对总皂苷的提取影响显著，超声功率、超声温度和固液比对总皂苷含量的影响不显著。通过考虑各因素对总皂苷含量的影响，白簕叶总皂苷超声提取的最佳工艺条件为：超声时间为 35min，超声温度为 70℃，固液比为 1∶10，超声功率为 80W。通过正交试验确定的最佳提取条件所做的验证试验测得的白簕叶总皂苷提取率为 4.78%，高于正交试验中较优组的提取率，表明此正交试验得出的最优组合是符合实际的。

由正交试验结果可知，用石油醚除脂除色素，以乙醇为提取剂，利用微波辅助提取法首次提取白簕叶中的皂苷类化合物，通过 $L_9(3^4)$ 正交试验确定了提取的最佳工艺条件，得出各因素对提取效果影响的顺序依次为：辐射时间＞乙醇浓度＞微波功率＞固液比。微波辅助提取法提取白簕叶总皂苷的最佳工艺条件为：微波功率为 160W，乙醇浓度为 70%，固液比采用 1∶8，辐射时间为 50s。按最佳工艺条件得出的总皂苷的提取率为 5.45%。该提取工艺具有稳定性好、操作简便、生产成本较低的优点。

对比两种不同提取方法得到，以白簕叶总皂苷提取率为目标，超声提取法中最高提取率 4.78%，微波辅助提取法中最高提取率为 5.45%，由此可知，微波辅助提取法适用于白簕总皂苷的提取，为两种方法中较优的提取法。

4.5.3 白簕皂苷纯化工艺的优化

白簕叶总皂苷分离纯化工艺的优化方法与总黄酮分离纯化方法一致。白簕总皂苷分离纯化最佳工艺考察的具体结果如下。

1. 试验结果

1) 最佳吸附树脂的选择

综合考察 7 种树脂的吸附量和解吸率，选择 AB-8 大孔吸附树脂进行白簕叶总皂苷的纯化研究(表 4.18)。

表 4.18 7 种大孔吸附树脂对白簕叶总皂苷的静态吸附性能的考察

树脂类型	AB-8	X-5	D4020	NKA-9	HPD-600	D3520	HPD-722
吸附量/(mg/g)	1198	1150	1196	690	1022	1636	1562
解吸率/%	60.93	54.09	58.36	62.90	56.75	35.70	46.61
性质	弱极性	非极性	非极性	极性	极性	非极性	弱极性
孔径/nm	130～140	290～300	100～105	155～165	100～300	85～90	130～140
比表面/(m^2/g)	480～520	500～600	540～580	250～290	500～600	480～520	485～530

2) 静态吸附曲线

如图 4.7 所示，静态吸附动力学曲线是渐近线，当其吸附到第 6 分钟时，基本达到吸附平衡，此时的吸附率为 2.53%，这样的吸附行为符合 Langmuir 静态吸附动力学曲线，可以认为，AB-8 大孔吸附树脂对白簕叶皂苷是单分子吸附。

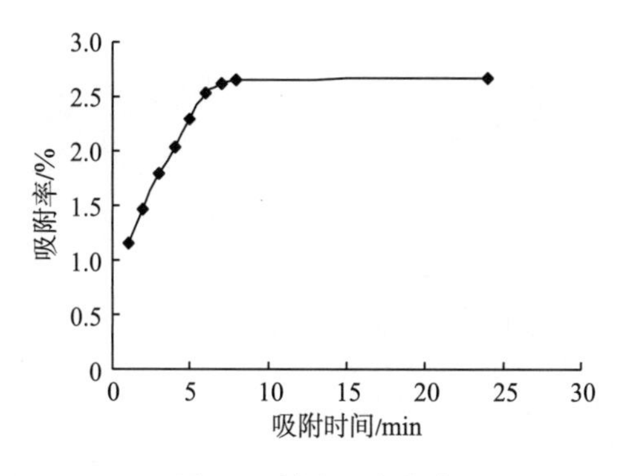

图 4.7　静态吸附曲线

3）动态吸附效果

将 AB-8 大孔吸附树脂湿法装柱后，加入白簕叶总皂苷溶液，取上样液(总皂苷含量 1.35ml/min)，分别以 0.5ml/min、1ml/min、1.5ml/min、2.0ml/min、2.5ml/min 的流速通过色谱柱，收集过柱液。测定流出液中总皂苷的含量，计算泄漏率，结果如图 4.8(a)所示。上柱吸附液随着吸附流速的加快，吸附率明显减小，皂苷的泄漏越来越严重。吸附流速为 0.5ml/min、1.0ml/min 时吸附率较为相近，吸附流速为 1.5ml/min、2.0ml/min 时的泄漏率明显增大；吸附流速以慢速为好，但过慢会延长生产周期，从而增加成本。综合考虑，吸附流速应为 1.0ml/min。

将 AB-8 大孔吸附树脂湿法装柱后，加入不同量的白簕叶粗皂苷溶液，以 1ml/min 的流速通过色谱柱，测定流出液的总皂苷含量，结果如图 4.8(b)所示。随着上样量的增加，吸附率下降。在二者比例为 3～5 时，下降趋势缓慢；继续增大比例，吸附率下降幅度增大，此时已超过了树脂的饱和吸附量，已有部分皂苷成分损失。而上样量过少，将使纯化周期过长。因此从经济因素考虑，吸附液上样量最佳为 40ml。

将白簕叶粗皂苷提取液调成不同 pH 过柱，考察其对吸附量的影响。结果如图 4.8(c)所示，pH 呈酸性时，大孔吸附树脂对白簕叶总皂苷的选择吸附性能好。白簕叶总皂苷在酸性条件下比较稳定。图 4.8(c)中横坐标上的数值分别代表：1 为 pH 1～2；2 为 pH 3～4；3 为 pH 5～6；4 为 pH 7～8；5 为 pH 9～10。因此，白簕叶皂苷溶液的 pH 选 5～6。

将白簕叶粗皂苷提取液稀释成 1 倍、2 倍、3 倍、4 倍、5 倍，总体积各 40ml，考察其对吸附量的影响。如果上样液较稀，则上样液黏度较小，在一定上样流速下，溶液通过柱床流速较快，使传质过程未进行彻底，可能泄漏；如果上样液浓度太大，则上样液黏度较大，被吸附物质在树脂内部扩散的速度变慢，某些树脂局部周围被吸附物质分子过多，使得某些没来得及被吸附就流了出来，这两种情况均未达到树脂的最大吸附量。确定最大上样液量，既可以减少药材的损耗，又可避免树脂的浪费。结果如图 4.8(d)所示，稀释 3 倍时，其吸附率最高。

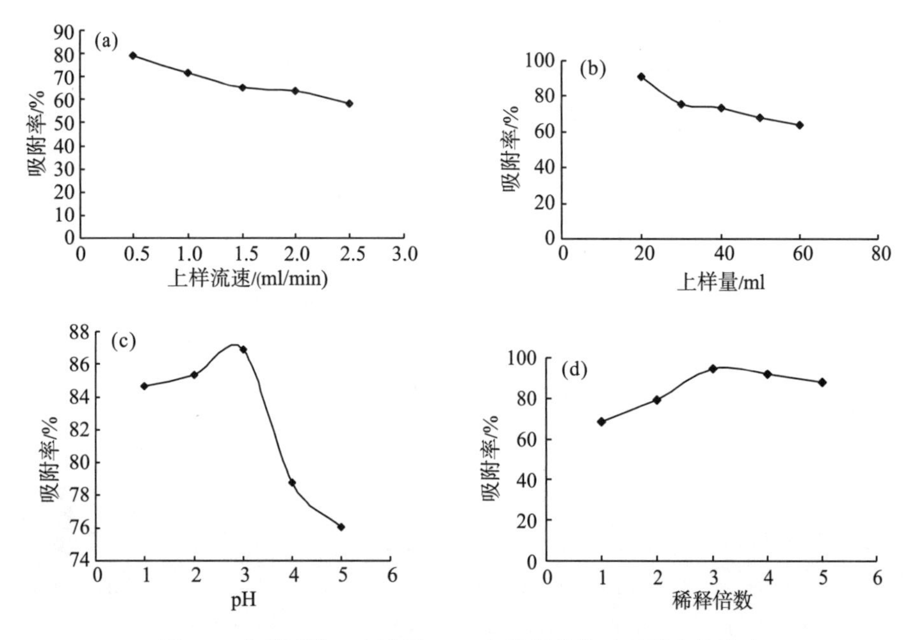

图 4.8 上样流速、上样量、pH 和稀释倍数对吸附率的影响

4) 动态洗脱解吸效果

吸取白簕叶样品液 30ml 上柱，先用水洗至流出液不显 Molish 反应，依次用 10%、30%、50%、70%、90%乙醇溶液各 40ml 洗脱控制流速 2.0ml/min，收集 10%、30%、50%、70%、90%乙醇洗脱液，分别测定白簕叶总皂苷含量，测定总皂苷洗脱率并绘图。如图 4.9(a)所示，用 70%乙醇溶液作为洗脱液总皂苷的解吸率较高。

取 30ml 白簕叶粗皂苷提取液 5 份，分别上柱，均以 1.0ml/min 的速率进行吸附，再用 3 倍床体积的水洗柱，然后用 4 倍床体积 70%的乙醇溶液分别以 0.5ml/min、1.0ml/min、1.5ml/min、2.0ml/min、2.5ml/min 的速率进行洗脱，收集洗脱液，测定总皂苷含量，计算解吸出的皂苷量及解吸率，结果如图 4.9(b)所示。从图 4.9(b)可以看出，当洗脱速率为 2.0ml/min 时洗脱效果较好。

取 30ml 白簕叶粗皂苷提取液 5 份，分别上柱，均以 1.0ml/min 的速率进行吸附，床体积为 10ml，再用 3 倍床体积的水洗柱，然后分别用 2 倍、3 倍、4 倍、5 倍、6 倍的床体积数的 70%乙醇溶液以 2.0ml/min 的速率进行洗脱，收集洗脱液，测定总皂苷含量，计算解吸出的皂苷量及解吸率，结果如图 4.9(c)所示。当乙醇溶液的洗脱用量达到 4 倍床体积数时，解吸率较大，超过 4 倍床体积数时，解吸率逐渐下降。因此，乙醇溶液的最佳洗脱用量为 4 倍床体积数，即 40ml。

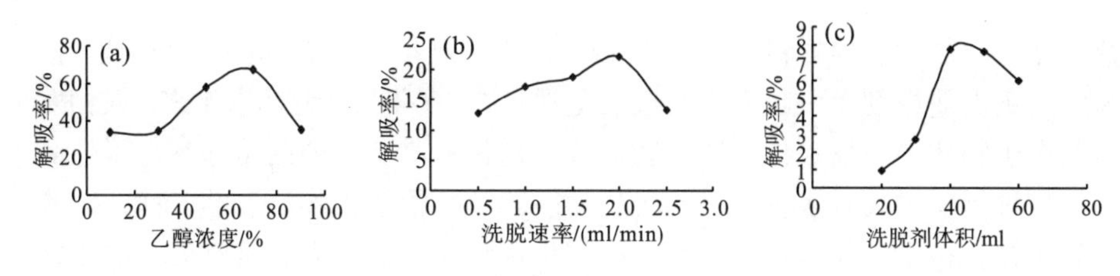

图 4.9　洗脱液浓度(a)、洗脱速率(b)、洗脱剂体积(c)对解吸效果的影响

2. 白簕总皂苷分离纯化的最佳工艺

本试验对不同类型树脂进行筛选，最后选择 AB-8 大孔吸附树脂作为纯化树脂。本研究结果也证明，AB-8 大孔吸附树脂具有吸附快、解吸率高、吸附量大、洗脱率高、再生简便等特点，适合白簕叶总皂苷的分离、纯化，可为建立可控性的生产工艺流程提供参考。

大孔吸附树脂法纯化白簕叶总皂苷的最优条件为：选用 AB-8 大孔吸附树脂；吸附液 pH 为 5～6；吸附流速为 1.0ml/min；洗脱剂为 70%乙醇溶液；洗脱剂用量与树脂体积比为 4∶1；解吸流速为 2.0ml/min。收集乙醇洗脱液，浓缩并真空干燥，纯化后可将粗提物皂苷的含量提高到 71.50%。

3. 白簕各个部位皂苷含量比较

根据上述白簕的最优提取工艺，分别对白簕的根、茎、叶进行皂苷提取。提取、分离纯化及含量测定方法与上述方法一致。白簕叶中的总皂苷含量最高，而传统用药部位根与茎中的总皂苷含量差异不大，木质部含量最低(表 4.19)。

表 4.19　白簕各个部位总皂苷含量

不同部位	吸光度	总皂苷含量/(mg/g)	提取率/%
根	0.678	48.576	4.86
叶	0.753	53.950	5.40
茎	0.664	47.573	4.76
木质部	0.543	40.234	3.79

4.6　白簕多糖提取工艺研究

4.6.1　白簕中多糖类化合物

多糖又称多聚糖，是由 20 个以上的单糖以糖苷键相连组成的聚合物。它是组成高分子化合物家族中最丰富多彩的成员，是所有生命有机体的重要组成成分与维持生命所必需的结构材料[172]。对多糖的研究，最早是在20世纪40年代，但其作为广谱免疫促进剂而引起人们的极大重视是在60年代。近几十年来，人们发现多糖类在生物体中不仅是作为能量物质或结构材料，更重要的是它参与了生命中细胞的各种活动，具有多种多样的生物功能。具有很强生物活性的多糖的研究日益受到重视。科学工作者逐渐发现多糖类化合物具有抗衰老、抗感染、降血糖血脂等方面的生物活性[173-176]。近年来，又发现多糖的糖链在控制细胞的分裂和分化，调节细胞的生长和衰老方面起着决定性作用，多糖已逐渐显示出越来越广阔的应用前景。有人预计，如同20世纪，蛋白质、肽类、氨基酸与核酸时代一样，21世纪应当是多糖生命科学的时代。近年来，植物多糖和海藻多糖的研究与开发也取得了很大进展，截至目前，已有300多种多糖化合物从天然产物中被分离出来[177,178]。

多糖可存在于植物的根、茎、叶、花、果及种子中，大部分植物多糖不溶于冷水，在热水中呈黏液状，遇乙醇能沉淀，但提取时需对含脂较高的根、茎、叶、花、果先脱脂，对色素较高的根、茎、叶等进行脱色处理。本书采用蒽酮-硫酸法，以葡萄糖为标准品，用分光光度计测定吸光度。

4.6.2 白簕多糖化合物的提取工艺

1. 微波辅助提取工艺研究

1) 试剂与仪器

试验中所用甲醇、乙醇、氯仿、乙酸乙酯、丙酮、石油醚、蒽酮、葡萄糖等试剂均为分析纯(A.R.)。

瑞士BUCHI R-200旋转蒸发仪、德国Eppendorf Research移液器、752型紫外-可见分光光度计、G8023CSL-K3格兰仕微波炉、LD4-2低速医用离心机、上海亚荣SH Z-Ⅲ循环水真空泵、北京赛多利斯BT124S型电子天平。

2) 标准曲线的绘制

精密吸取葡萄糖标准品溶液0.2ml、0.4ml、0.6ml、0.8ml、1.0ml、1.2ml、1.4ml、1.6ml、1.8ml，置干燥试管中分别加水使其浓度为0.003 448mg/ml、0.006 897mg/ml、0.010 34mg/ml、0.013 79mg/ml、0.017 24mg/ml、0.020 69mg/ml、0.024 14mg/ml、0.027 59mg/ml、0.031 03mg/ml，冰水浴处理5min，再分别加入新配制蒽酮-硫酸溶液4ml，摇匀，沸水浴加热10min，流水冷却至室温，随行试剂作空白，在620nm处测定吸光度，以浓度C对吸光度A作标准曲线，经线性回归得回归方程为：A=56.81C−0.0087，R^2=0.9997，测定量在3.448～31.03μg/ml呈良好的线性关系。

3) 单因素及正交试验

影响多糖得率的因素有很多，本试验选择料液比(1∶10、1∶20、1∶30、1∶40、

1∶50)、微波辐射时间(30s、40s、50s、60s、70s)、醇沉浓度(60%、70%、80%、90%、100%)、提取次数(1 次、2 次、3 次、4 次)分别进行单因素考察。按照微波辅助提取多糖单因素试验结果，进行 4 因素 3 水平正交试验，正交表选择 $L_9(3^4)$，各组提取液过滤、离心、醇沉、定容后，按蒽酮-硫酸法测定吸光度，选出微波辅助提取白簕茎皮多糖最优的工艺参数。因素水平见表 4.20。

表 4.20　试验因素及水平

水平	因素			
	A 料液比	B 醇沉浓度/%	C 辐射时间/s	D 提取次数
1	1∶20	70%	40s	1
2	1∶30	80%	50s	2
3	1∶40	90%	60s	3

2. 试验结果

如图 4.10(a)所示，多糖含量随着辐射时间的延长逐渐增大。辐射处理 30s 后，多糖含量有一个大的提高，辐射 70s 多糖含量增加不大。原因可能是微波辐射在短时间内对细胞膜的破碎作用比较大，溶出物多，但当溶解度达到饱和时，有效成分不再被溶解，含量也就不会有明显提高。随着微波辐射时间的延长，细胞膜进一步破裂，溶解的杂质也会相应增多，因此，微波辐射时间不宜过长。根据试验结果，选择采用间歇微波处理，每次提取 60s 左右为宜。

如图 4.10(b)所示，多糖含量随着提取次数的增加逐渐增大，相关分析表明：提取次数与吸光度的关系差异极显著($P<0.01$)，其相关程度达 0.940。提取 3 次后，多糖含量增加不大，继续提取意义不大，因此，确定最佳提取次数为 3 次。

试验发现，溶剂用量对多糖含量的影响明显。随提取溶剂的增加，多糖含量增大，但当料液比超过 1∶40 时，含量的增加趋于平缓，其原因可能是溶剂用量影响有效成分浸出液的浓度，从而影响到原料内部与外部之间成分的扩散过程。考虑到随着溶剂用量的增加，浓缩难度增加，因此，料液比宜选择 1∶30，如图 4.10(c)所示。

如图 4.10(d)所示，随着醇沉浓度的增加，多糖含量升高，当醇沉浓度超过 90%时，含量的增加趋于平缓，考虑到试验和生产成本，选择乙醇浓度 70%为宜。

由正交试验结果(表 4.21)和方差分析(表 4.22)可知，微波辅助提取白簕茎皮多糖的影响因素的主次顺序为 C、A、B、D，即在微波功率一定时，辐射时间和料液比对含量影响显著。最佳的提取工艺为 $C_3A_1B_3D_3$，即辐射时间为 60s，料液比为 1∶30，醇沉浓度为 70%，提取次数为 3 次。

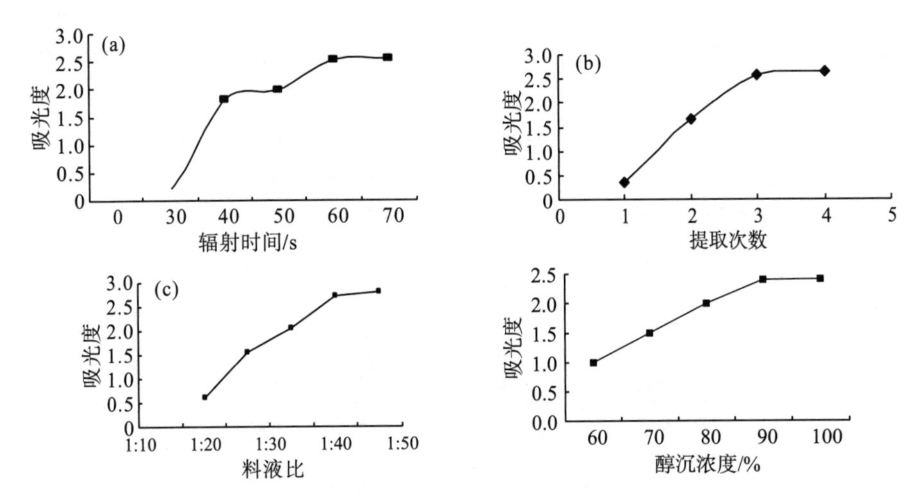

图 4.10 辐射时间(a)、提取次数(b)、料液比(c)和醇沉浓度(d)对微波辅助提取多糖的影响

表 4.21 微波辅助提取正交试验结果

序号	因素				试验结果	
	A	B	C	D	吸光度	多糖含量/(mg/g)
1	1	1	1	1	1.813	5.17
2	1	2	2	2	1.885	5.37
3	1	3	3	3	1.993	5.68
4	2	1	2	3	1.911	5.44
5	2	2	3	1	1.890	5.38
6	2	3	1	2	1.731	4.93
7	3	1	3	2	1.897	5.40
8	3	2	1	3	1.650	4.70
9	3	3	2	1	1.793	5.11
K_1	1.897	1.874	1.731	1.832		
K_2	1.844	1.808	1.863	1.838		
K_3	1.780	1.839	1.927	1.851		
R	0.117	0.066	0.196	0.019		

表 4.22 方差分析

因素	偏差平方和	自由度	F比	F临界值	显著性
料液比	0.021	2	21.000	19.000	显著
醇沉浓度	0.006	2	6.000	19.000	
辐射时间	0.060	2	60.000	19.000	显著
提取次数(误差)	0.001	2	1.000	19.000	

注：$F_{0.05}(2，2)=19$

3. 白簕最佳提取工艺

本研究中，多糖提取时将微波辅助提取法与水提法有机地结合在一起，运用微波技术首次从白簕中提取出多糖。微波技术应用于植物细胞破壁，具有受热均匀、快速、溶剂用量少、含量高、成本低、质量好等优点。通过单因素试验及相关分析表明：料液比与吸光度的关系显著($P<0.05$)，其相关程度达 0.904，料液比宜选择 1∶30。醇沉浓度与吸光度的关系极显著($P<0.01$)，其相关程度达 0.988，选择醇沉浓度为 70%。辐射时间与吸光度的关系极显著($P<0.01$)，其相关程度达 0.923，选择每次微波提取 60s 左右为宜。提取次数与吸光度的关系极显著($P<0.01$)，其相关程度达 0.940，选择提取次数为 3 次。通过正交试验结果表明：微波辅助提取白簕茎皮中多糖的最佳工艺是辐射时间 60s、料液比 1∶30、醇沉浓度 70%、提取次数 3 次。

4.6.3　白簕不同部位总多糖含量比较

根据上述白簕的最优提取工艺，分别对白簕的根皮、茎皮、叶、木质部进行多糖提取，然后按标准曲线法，于 620nm 处测定吸光度，按回归方程计算出白簕不同部位中多糖含量。由表 4.23 可知，部位不同，多糖含量也不同，以茎皮中多糖含量最高(5.63mg/g)。

表 4.23　不同部位多糖含量

部位	根皮	茎皮	木质部	叶
多糖含量/(mg/g)	4.29	5.63	3.99	4.82

第5章 白簕繁殖及栽培技术

5.1 白簕有性繁殖技术研究

5.1.1 植物的有性繁殖及关键技术

有性繁殖又称种子繁殖，是由胚珠或胚珠和子房形成的播种材料；是植物在长期发展进化中形成的适应环境的一种特性。在自然条件下，种子繁殖方法简便而经济，繁殖系数大，利于引种驯化和大规模栽培[179]。有性繁殖的关键是对萌发特性的研究，种子的萌发是一个极其复杂的过程。首先，干燥的种子需要吸足水分，这个过程为吸涨。种子吸涨后，坚硬的种皮软化，种子内酶的活性增加，呼吸加强，子叶或者胚乳中的营养物质分解成简单物质运往胚，胚细胞吸收这些营养物质后，细胞分裂并开始增殖，胚根和胚芽相继突破种皮，称为萌发。其次，胚根继续生长形成主根，胚芽向上生长形成茎叶。种子萌发需要适宜的温度、湿度、空气和光照等条件，对种子室内萌发的最适条件(温度、光照、赤霉素浓度等)进行探索十分必要。最后进行室外播种，为大规模培育种苗摸索出有用的技术方法，也可通过模拟生境试验探索有性繁殖规律。

白簕资源具有较高的药用价值和营养价值，市场需求量大，开发应用前景十分广阔，从目前野生资源遭到严重破坏的情况来看，除了进行野生资源的保护外，主要还是积极研究繁殖育苗技术，获得大量可供开发和生产利用的遗传增益高、性状整齐一致的植株，为大规模栽培提供种苗。才能更好地发掘我国白簕的药用资源，开发利用绿色蔬菜，提高农民收入。对于白簕同科物种如人参、西洋参、短梗五加、刺五加等，繁殖技术研究开展较早，目前已经有比较完善的成果。而白簕研究相比较迟，而且仅从药用成分和野生蔬菜保健方面研究，繁殖技术尚未见报道，本研究参考并借鉴同科其他物种的研究成果，有针对性地开展白簕繁殖及栽培技术的研究工作，以期为白簕繁殖种苗提供一定的理论依据和技术指导。

5.1.2 白簕有性繁殖

1. 繁殖技术

1)生殖情况调查

调查地点选择四川省南充市金城山森林公园和西山后山，金城山位于四川盆地中部南充市与广安市交界地(106°28′E，30°45′N)，地处北亚热带，属亚热带暖气候区，季风气候明显，四季分明，热量丰富，年均温度 17.5℃，年均降水量 1100mm 左右，人工林，多浅沟崖壁，坡度 35°左右，湿度高，为次生性针阔叶混交林，属于亚热带常绿阔叶林演替系列。西山后山地处 106°6′E，30°8′N，属于亚热带季风湿润气候区，四季分明，冬暖夏热，年平均气温为 17.6℃，年均降水量 820～1100mm，相对湿度较大，年均日照时数 1292.9h，无霜期 312.4d。退耕还林仅十来年，高大乔木少，灌木丛生。

进行繁殖技术试验前，需要对白簕种源及种源地南充市金城山森林公园和西山两地的野生白簕及生境进行初步调查，掌握其繁殖特征，才便于开展繁殖技术研究工作；经过对南充市金城山森林公园和西山的野生白簕进行初步调查，发现白簕茎易倒伏，倒伏茎从节处萌芽长根入土，腋芽萌发新枝条，形成新的无性系分株，表明白簕营养繁殖能力强，可以进行营养繁殖技术研究；成年白簕居群每年 9～12 月结实率极高，可以获得大量的果实及饱满种子，因此可以进行有性繁殖技术研究。

本试验所用白簕种子采自四川省南充市西山野生健壮植株，按生境的相对光照强度分类采摘，采用 JD-3 型光照度计测定裸地和不同生境的光强，一年四季各选 1 个晴天从 8:00～18:00，每 3h 测一次裸地和生境的光强，计算平均值再求相对光强(%)，即高光强(94.15%)水平：位于西面山顶空旷地带，缠绕在茅草丛顶部且上部没有遮盖物；中光强(38.05%)水平：位于西面山腰，缠绕在灌木上且有乔木覆盖；弱光强(8.36%)水平：位于西面山脚，被成片竹林覆盖。待果实由绿变红完全变黑褐色时，分批采收，直接风干果实或立即用清水浸泡果实 24～48h，手搓法除去果皮、果肉后得到种子，水选法除去浮在水面的劣种(虫蛀或瘪粒)，自然风干备用。

2) 白簕果序及果实里种子的状态

2007 年 9～10 月，在西山后山选取 3 个生长势基本一致且健壮的白簕居群，结实率高，从居群上、中、下随机选择成熟度较高的果实，进行野外记录：聚伞果序的果序数、单伞果序的果实数和聚伞果序的果实数 3 个指标。然后在采回果实里随机取出 1000 粒成熟度高且完整的果实，用手逐个剥开，统计种子状态。白簕果实为浆果状，多核果，扁椭圆形，表面光滑，幼时绿色，成熟后紫黑色。复伞果序中单伞果序通常为 3～10 个，少数超过 10 个，极少超过 20 个[图 5.1(a)]。主果序(中央一枚单伞果序)果实先于副果序(周缘单伞果序)果实 25～30d 成熟，因此每年 9 月采集的果实基本为主果序果实，10 月以后采集的果实基本为副果序果实。单伞果序果实量不等，少的只有 1 粒，而多的则有上百粒(野外记录果实量最多一个果序为主果序，121 粒果实)。绝大多数果实内有 2 粒种子，少有 1 粒或 3 粒(表 5.1)。1000 粒果实用手逐个剥开，根据种子数量大致可分为 3 种：1 粒种子、2 粒种子和 3 粒种子，其中种子还分饱粒和瘪粒，因此一共可分为 9 类。其中只有 2 粒种子(2 饱粒和 1 饱粒 1 瘪粒)的果实占绝大多数。白簕种子数/果实数为 1.999，约 2 粒，其中饱粒种子占 77.09%，瘪粒种子占 22.91%，即 1000 粒果实能剥出 1541 粒饱粒种子(表 5.1)。

图 5.1 白簕果实、种子及胚的形态结构及萌发特性

(a) 果实；(b) 果实结构横切；(c) 果实结构纵切；(d) 种子背面；(e) 种子侧面；(f) 种子腹面(合生面)；(g) 胚和胚乳；(h) 胚根突破种皮；(i) 种子萌发过程(右→左)

表 5.1 白簕种子的状态

1 个果实中种子状态		果实数/粒	种子总数/粒	饱粒种子/粒	瘪粒种子/粒	备 注
1 粒种子	饱粒	29	29	29	0	
	瘪粒	0	0	0	0	
2 粒种子	2 饱粒	532	1064	1064	0	种子大小：一样大小或 1 大 1 小
	1 饱粒、1 瘪粒	411	822	411	411	
	2 瘪粒	0	0	0	0	
3 粒种子	2 饱粒、1 瘪粒	9	27	18	9	
	1 饱粒、2 瘪粒	19	57	19	38	
	3 饱粒	0	0	0	0	
	3 瘪粒	0	0	0	0	
合 计		1000	1999	1541	458	种子数/果实数＝1.999
百分率/%				77.09	22.91	

3) 白簕种子和胚外观形态观察

2008 年 12 月，在 Motic SMZ-168 体视显微镜下观察种子和胚的外观形态(经 TTC 法测定具有活力的种子，于清水浸泡 2～3d 就可以清楚观察胚的形态)，并测量胚长度，拍照［图 5.1(b)，图 5.1(c)］。每类型种子任选 50 粒用 B 型 IP67 防水电子数显卡尺准确测量其大小后取平均值，然后用长、宽、高 3 个数相乘得到“相对体积”[180]来作体积的近似值度量。

白簕种子内果皮木质化程度高，与种皮分离，不规则三棱锥体，背面突起呈种脊，两侧呈现脑纹状突起，腹面平直带花纹［图 5.1(d)～图 5.1(f)］。成熟的白簕种子，胚乳丰富，种胚细小，胚长 0.3～0.55mm，埋藏在胚乳之中，位于种子一角隅，体积很小［图 5.1(g)］，与五加科的短梗五加、细柱五加和刺五加等物种相似。在适宜条件下，种子完全吸水后膨大，木质化内果皮从胚根一侧或全部种脊处裂开，少数脱落，进而胚根突破种皮［图 5.1(h)］，开始萌发，随着胚根胚轴的伸长，两旁子叶伸出，萌发完成［图 5.1(i)］。

从表 5.2 可知，3 个生境白簕种子在外观形态上有一定差异，颜色方面有深色和浅色之分，包括灰色、灰褐色和深褐色，其中中光强生境种子颜色最深，高光强和弱光强生境种子略浅。中光强生境种子饱满度高，相对体积最大，高光强次之，弱光强饱满度差，相对体积最小。

表 5.2　不同光照条件生境下种子比较

生境	外观形态							品质特征		
	内果皮质地	种子颜色	饱满度	平均长/mm	平均宽/mm	平均高/mm	平均相对体积/mm³	千粒重/g	含水量/%	种子活力/%
高光强	木质化程度高	灰色、灰褐色	++	3.915	2.284	2.285	20.432	4.867	9.81	86.67
中光强	木质化程度高	灰褐色、深褐色	+++	4.496	2.534	2.483	28.289	8.186	13.49	95.00
弱光强	木质化程度高	灰色、灰褐色	+	4.015	2.013	2.126	17.183	5.167	11.17	77.33

注：“+”代表饱满程度；平均相对体积(mm³)＝平均长(mm)×平均宽(mm)×平均高(mm)

4) 种子品质特性

2008 年 12 月，随机取 3 个生境种子各 100 粒为 1 组，用 BT1245 电子天平称重，5 次重复，计算不同生境的白簕种子的千粒重。采用烘干法测定种子的含水量，即随机取上述种子 100 粒为 1 组，5 次重复，在 105℃烘箱内烘 2h，然后在 80℃下烘干至恒重，计算不同生境的白簕种子含水量。种子活力测定采用 TTC 法，待测种子在 30℃水温下浸泡 24h，用锋利刀片从种脊处分开，并放入不同培养皿中，注入 0.5%的 TTC 溶液浸没种子，放入 30℃温箱染色 12h 即可观察结果，1 组种子 100 粒，3 次重复。

3 个生境白簕种子的千粒重差异很大(表 5.2)：中光强＞弱光强＞高光强；含水量的比较：中光强＞弱光强＞高光强；种子活力的比较：中光强＞高光强＞弱光强。综合 3 种类型种子的外观形态和品质特征，中光强生境的种子各项指标均最高，因而判断中光强生境种子质量最好。

测定种子活力时发现，胚呈现的红色略有差异，有深红色(具有强生活力)、浅红色(生活力略弱)及粉红色(生活力较弱)3 种，其中深红色胚占大多数，浅红色及粉红色胚占少数，与刺五加饱粒种子活力的浅红色胚和粉红色胚规律相似[181]。

2. 白簕种子特性结论

白簕结实率高，饱粒种子多，可以为有性繁殖提供大量的繁殖材料。千粒重是说明种子质量的一个综合指标，一般千粒重大的种子，其种子质量也较优良。3 个生境种子中，中光强种子千粒重最大，为 8.186g，其种子质量最优良，宜选择进行萌发试验。有研究者提到，胚未成熟或极细小，是引起休眠发生原因的一种，属于难发芽的一种[182]。白簕成熟种子胚乳丰富，种胚细小，此特征可能会导致种子休眠，仍需进行萌发试验方能确定。

5.1.3 萌发特性的研究

1. 种子吸涨时间的测定

把称过干重的白簕种子分别放入装有水的锥形瓶中，各 100 粒，3 次重复，置 25℃的恒温箱中，并开始计时，分别在 3h、6h、9h、12h、15h、24h、32h、48h 后取出种子，用吸水纸完全吸干种子表面水分后，进行称重并计算各时间段的种子含水量，直到接近恒值为止，找出种子吸涨时间(种子吸水过程中达到第一个稳定阶段所需要的时间，即种子完成吸涨过程所需要的时间)，按下列公式计算种子吸水百分率：吸水百分率(%)=100×［种子吸水后质量(g)-种子干重(g)］/种子干重(g)。

2. 室内人工气候箱萌发试验

1)不同发芽方法在不同温度条件下进行萌发

带盖玻璃培养皿＋介质＋蒸馏水进行萌发，选择 2 种介质滤纸和河沙(滤纸采用灭菌锅灭菌 15min，洁净河沙采用烘箱 140℃高温消毒 2h)，2 种播种方法(表面和内部)，组合成 4 种发芽方法：①“纸上发芽法”是指种子播种在滤纸表面的发芽法；②“纸间发芽法”是指种子播种在滤纸上后，再铺上一层滤纸盖住种子的发芽法；③“沙表发芽法”是指种子播种在河沙表面的发芽方法；④“沙－纸发芽法”是指种子播种于河沙表面后覆盖滤纸的发芽方法。于 2007 年 12 月在人工气候箱(HPG-280H 型)进行播种试验，用 0.1%的次氯酸钠溶液消毒 5min，洗净用 25℃温水浸泡 24h，按上述 4 种发芽方法进行萌发试验，置于 5℃、10℃、15℃、

20℃、25℃、30℃下培养，每个温度下进行 12h 光照/12h 黑暗处理，每个处理 50 粒，3 次重复。每天补充失水(滤纸发芽床以滤纸不见明水为标准，沙培发芽床则以河沙达到饱和且没有水层为标准)，及时清除腐烂种子，萌动后记录种子萌发率(胚根突破种皮时认为种子萌发)，观察至第 70 天。

2) 不同光照条件下进行萌发

将种子用 0.1%的次氯酸钠溶液消毒 5min，洗净用 25℃温水浸泡 24h，采用沙一纸发芽法，在 20℃条件下进行 24h 光照、12h 光照/12h 黑暗和 24h 黑暗 3 个处理，每个处理 50 粒，3 次重复。然后进行萌发试验。每天补充失水(以表层滤纸不见明水，底层河沙达到饱和且没有水层为标准)，及时清除腐烂种子，萌动后记录种子萌发率(胚根突破种皮时认为种子萌发)，观察至第 70 天。

3) 不同浓度赤霉素处理种子进行萌发

25℃恒温下进行不同浓度赤霉素浸种，时间 24h，浓度设置为：0mg/kg(CK)、50mg/kg、150mg/kg、300mg/kg、450mg/kg；然后采用沙一纸发芽法进行萌发试验，于 20℃，12h 光照/12h 黑暗条件下进行培养。每个处理 50 粒，3 次重复。每天补充失水(以表层滤纸不见明水，底层河沙达到饱和且没有水层为标准)，及时清除腐烂种子，萌动后记录种子萌发率(胚根突破种皮时认为种子萌发)，观察至第 70 天。

3. 室外试验地萌发正交试验

按 $L_9(3^4)$ 正交表进行播种试验，因素和水平见表 5.3，9 个处理随机排列：①$A_1B_1C_1$ 为秋播于河沙表面；②$A_1B_2C_2$ 秋播于配土覆土 2cm；③$A_1B_3C_3$ 秋播于园土覆土 5cm；④$A_2B_1C_2$ 为冬播于配土土表；⑤$A_2B_2C_3$ 为冬播于园土覆土 2cm；⑥$A_2B_3C_1$ 为冬播于河沙覆沙 5cm；⑦$A_3B_1C_3$ 为春播于园土土表；⑧$A_3B_2C_1$ 为春播于河沙覆沙 2cm；⑨$A_3B_3C_2$ 为春播于配土覆土 5cm。每个处理 450 粒，3 次重复，管理一致。试验地土壤黏度大、肥力中等。播种前一周基质使用 0.3%的 $KMnO_4$ 溶液彻底消毒，再用自来水浇透备用，干藏种子用 0.1%的 $KMnO_4$ 溶液消毒 30min 洗净后再用 25℃温水浸泡 24h。播种后浇透水，盖上一层稻草后再盖地膜保温(春播不盖)。

表 5.3　正交试验因素和水平

水平	因素		
	A 播种季节	B 覆土深度/cm	C 基质种类
1	2007 年 11 月 15 日(秋播)	0(表面)	河沙
2	2007 年 12 月 26 日(冬播)	2	配土
3	2008 年 3 月 8 日(春播)	5	园土

注：配土为园土∶河沙∶腐殖质＝6∶3∶1 的混合土

播种隔周观察萌发情况，待看见萌发两片子叶出土稳定时统计萌发率，并直到稳定(连续 7d 不见出苗)。统计分析前，对萌发率 arcsin$x^{1/2}$ 反正弦转换后，使用正交设计助手Ⅱ V3.1 专业版进行极差分析和方差分析。

4. 萌发特性试验结果

1) 种子吸涨时间的测定

白簕种子内果皮木质化程度高，透水性差，直接影响种胚对水的吸收。种子在 25℃的恒温浸泡过程中，随着时间的增加，吸水量逐渐增加，发生不同程度的吸涨，0～3h 的吸水速率最快，吸水量过半，随后吸水逐渐减缓，32h 后浸泡种子的水变黄变浑浊，水表漂浮一层蜡质的不明物质，而且水中有一些白色的颗粒状物质。

高光强和弱光强生境种子浸泡 24h 后的吸水量基本达到恒值，而中光强种子继续浸泡，24～32h 还吸收少量的水，即 24h 时高光强和弱光强生境种子的吸水量都达到了饱和吸水量，中光强生境种子在 24～32h 的吸水量才达到饱和吸水量。不同生境饱和吸水量的顺序为：中光强＞高光强＞弱光强，而弱光强种子继续浸泡到 32h 时，吸水量略有下降(图 5.2)。

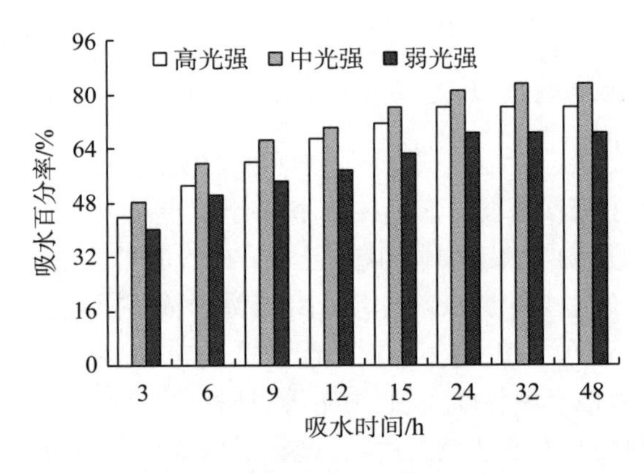

图 5.2 不同生境种子的吸水量

在 3 个生境种子的吸涨过程中，吸水百分率与种子的千粒重、饱满度和相对体积密切相关。在不同生境条件下，中光强种子千粒重最大，为 8.186g，饱满度最高，相对体积最大，为 28.289mm^3，因而吸水量最多，但吸涨时间也最长(24～32h)。虽然高光强种子千粒重(4.867g)略低于弱光强种子(5.167g)，相对体积略大于弱光强种子，但是高光强种子比弱光强饱满，且含水量低于弱光强种子，原因可能是高光强种子种胚和胚乳的发育程度更加完善，且种内物质成分更加干燥，因而比弱光强种子的吸水量大。浸泡时间超过 32h，吸水百分率下降，加之浸泡种子的水变黄变浑浊，说明此时浸种时间过长，种内营养成分可能开始外渗。

2) 室内人工气候箱萌发试验

(1) 不同发芽方法在不同温度条件下对种子萌发率的影响。白簕种子最早萌芽时间是第 47 天，分别出现在 25℃的纸间发芽法和沙－纸发芽法的培养皿里，当种子经过吸涨吸水和生理吸水后，体积增大，内果皮逐渐软化并从种脊处破裂，随后胚根伸出伸长，颜色为乳白色。除 5℃低温条件一直未有种子萌发外，其他温度条件下出现不同程度的萌发现象。而且温度越高，发芽现象越明显。由表 5.4 可知，同一发芽方法在不同温度，白簕种子萌发率差异极显著，温度在 15～25℃下均能进行良好萌发，且萌发率高，但在 20℃时种子萌发率最高，优于 15℃和 25℃，5℃和 30℃萌发率较低，且 30℃＞5℃，说明低温和高温对种子萌发均有抑制，且低温抑制作用比高温强。因此，可以确定白簕种子萌发率的优异性由高到低的顺序为：20℃＞25℃＞15℃＞30℃＞10℃＞5℃。这一结果与肖苏萍等的报道相近，表明温度是影响白簕种子萌发的重要因素。

表 5.4　不同发芽方法在不同温度条件下对种子萌发率的影响

温度	不同发芽方法			
	纸上发芽法	纸间发芽法	沙表发芽法	沙－纸发芽法
5℃	0.00Cc	0.00Cd	0.00Cd	0.00Cc
10℃	27.33±4.437Bb	34.85±3.551Bc	28.44±3.509Bb	38.11±4.552Bb
15℃	50.78±5.255Aa	52.56±1.445Ab	52.45±2.481Aa	54.45±3.659Aa
20℃	61.56±3.798Aa	63.19±3.794Aa	62.96±3.532Aa	64.44±3.697Aa
25℃	58.44±3.576Aa	60.89±5.474Aab	58.67±4.683Aa	63.11±3.362Aa
30℃	29.78±1.736Bb	35.78±0.890Bb	31.11±2.320Bb	38.67±2.340Bb

注：表中同列不同字母间表示差异显著，其中，小写字母表示差异显著（$P<0.05$），大写字母表示差异极显著（$P<0.01$）

从同一温度、不同发芽方法来看，只有 30℃四种发芽方法才表现出显著差异，其他温度条件下差异均不显著；从数据结果来看，种子最大萌发率出现在沙－纸发芽法中，为 64.44%，该方法萌发率有升高的趋势；同一温度下，沙－纸发芽法萌发率均高过其他发芽方法，其次为纸间发芽法，最后是沙表发芽法和纸上发芽法，初步列举出萌发率的优异性由高到低的顺序为：沙－纸发芽法＞纸间发芽法＞沙表发芽法＞纸上发芽法，这可能与不同发芽方法下种子吸水均匀性有关，沙表发芽法和纸上发芽法的种子上面仅有培养皿盖子，在每天检查补充水分时发现，盖子上汇集许多挥发水珠，导致种子略干燥（25℃和 30℃条件更明显），因而影响到种子进一步吸水，而且还可能产生干旱胁迫，影响种子的萌发，这也可能是种子萌发率到 20℃达到最高，以后逐渐降低的原因；而沙－纸发芽法和纸间发芽法由于种子表面覆盖一层湿润滤纸，对种子下层湿润滤纸和河沙的水分挥发有一定的阻碍作用，保水效果好，因而种子萌发率相对较高。

(2)不同光照条件下进行萌发。试验观察发现，24h 黑暗处理组首次萌发时间推迟约 18d。方差分析表明，在 24h 黑暗条件下培养的白簕种子萌发率显著低于 24h 光照和 12h 光照/12h 黑暗条件，24h 光照和 12h 光照/12h 黑暗条件之间差异不显著(图 5.3)。24h 黑暗条件可能会抑制种子萌发，萌发率仅为 32.00%，而 24h 光照和 12h 光照/12h 黑暗条件更有利于种子萌发，萌发率分别为 57.33%和 59.56%，表明光照是影响白簕种子萌发的主要因素之一；而且 12h 光照/12h 黑暗相对于 24h 光照条件萌发率有上升的趋势，表明 12h 光照/12h 黑暗相较于 24h 光照更能促进种子萌发，光暗交替条件更加适合萌发，由于沙－纸发芽法在种子上面还覆盖一层湿润滤纸，会对 24h 光照处理产生一定的阻碍，使得光强变低，因此不能真实反映 24h 全光照条件的萌发情况。

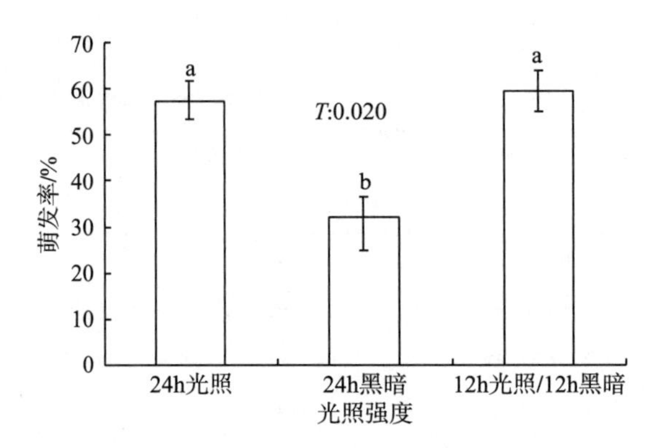

图 5.3 不同光照强度下处理的种子萌发率

不同小写字母表示在 $P<0.05$ 水平上差异显著

由此可见，光照条件会影响白簕种子的萌发，但是 12h 光照/12h 黑暗的光暗交替更能促使种子萌发，因此在达到水分要求的试验地播种时，建议浅播，因为浅播才能够满足光照条件的要求。

(3)不同浓度赤霉素(GA_3)处理种子。经过 300mg/kg GA_3 处理的白簕种子萌芽时间最早，为 19d，相比前面不经 GA_3 处理的种子提前了 28d，且 30d 后基本达到稳定，萌发比较整齐一致，而且胚根从突破种皮到伸长的过程中，速度较快。由此可见，GA_3 处理可以促进种子提前发芽并缩短发芽时间。经不同质量浓度的 GA_3 处理能显著提高白簕种子的萌发率(图 5.4)，在一定浓度范围内，种子的萌发率随着 GA_3 质量浓度的升高而升高，300mg/kg 时萌发率达到最高，为 91.33%；而当 GA_3 质量浓度继续升高到 450mg/kg 时，该组 3 个重复仅 1 粒萌发，萌发率不升反而急剧降低，为 0.22%，远低于清水对照的萌发率(53.44%)。

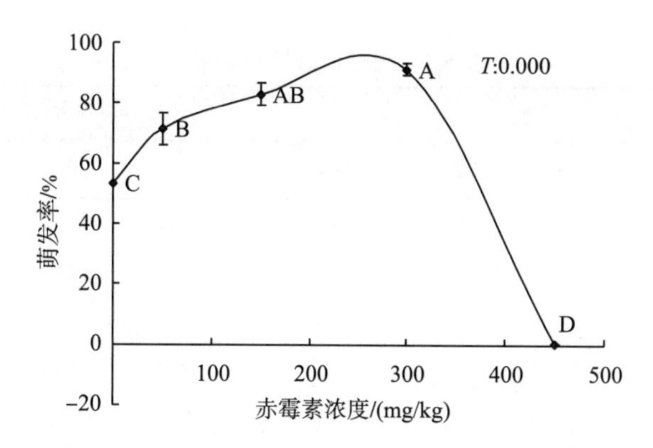

图 5.4　不同质量浓度的 GA_3 处理的种子萌发率

不同大写字母表示在 $P<0.01$ 水平上差异极显著

由此可见，GA_3 可以促进白簕种子提前发芽，缩短发芽时间，提高萌发率，在 300mg/kg 时效果最佳，但随着浓度的增加，种子萌发率有所降低，GA_3 超过最佳浓度这个拐点，当中的抑制物质起主导作用，反而会抑制种子发芽。而在一定浓度范围，GA_3 促进种子细胞分裂分化，有利于种子内部酶的活性，可以促进种子萌发[183,184]。

以上试验结果和分析表明，白簕种子最适萌发条件是在 25℃恒温条件下采用 300mg/kg 的 GA_3 浸泡 24h 后采用沙－纸发芽法于 20℃和 12h 光照/12h 黑暗条件下培养。

3) 室外正交试验结果

(1) 播种后的基本情况观察。不同时间播种发芽出苗时间不同，出苗至结束的时间也不同，秋播时间最长，初次出苗时间为 96d，随后 10d 出苗较多，105d 达到单日发芽出苗最大值，127d 开始逐渐长出幼叶；冬播初次出苗时间为 88d，随后逐渐萌发出苗，97d 达到单日发芽出苗最大值，117d 已见幼叶；春播初次出苗时间为 76d，85d 达到单日发芽出苗最大值。从不同覆盖深度看，并非播种时间较早的种子先萌芽，而是覆盖深度为 2cm 时出苗最早。不同基质里，河沙出苗最早，配土次之，园土最晚，但是配土和园土幼苗均能很好生长，只是河沙幼苗容易枯死，拔出观察发现，有些幼苗的胚根已经烂掉，有些已经干枯，随后地上部分也枯黄死去。

(2) 播种季节、覆盖深度和基质种类对萌发率的影响。通过极差分析可知，播种季节、覆盖深度和基质种类的萌发率极差 R 分别为 29.177、56.56、27.484，即覆盖深度＞播种季节＞基质种类(表 5.5)，说明覆盖深度是影响白簕种子繁殖的首要因素。根据各因素的水平平均数中 K_1、K_2、K_3 值可以看出：A 取 A_1，B 取 B_2，C 取 C_2 为好，因此得出白簕种子繁殖最佳处理组合为 $A_1B_2C_2$，即干贮种子秋季播种于配土中并覆土 2cm，萌发率最好，达 58.45%。

表 5.5 正交试验扦插结果

处理	因素			萌发率/%(反正弦转换值)			
	A(播种季节)	B(覆盖深度)	C(基质种类)	Ⅰ	Ⅱ	Ⅲ	合计
1	1	1	1	21.97	21.39	16.43	59.79
2	1	2	2	53.55	49.6	46.55	149.7
3	1	3	3	24.12	25.99	21.97	72.08
4	2	1	2	20.27	24.5	25.1	69.87
5	2	2	3	41.15	33.21	35.67	110.03
6	2	3	1	31.5	30.66	36.09	98.25
7	3	1	3	6.55	10.47	9.46	26.48
8	3	2	1	27.49	22.54	26.06	76.09
9	3	3	2	25.1	26.57	29.8	81.47
K_1	93.857	55.38	78.043				
K_2	92.717	111.94	100.347				
K_3	64.68	83.933	72.863				
R	29.177	56.56	27.484				

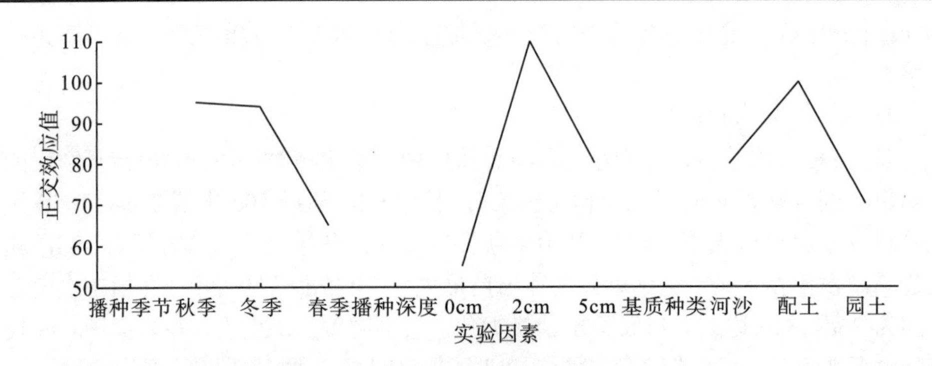

图 5.5 正交实验因系指标效应

由图 5.5 可见，播种季节曲线效应图表明，采种当年秋播和冬播萌发率差异不大，而次年春播萌发率直线下降，这可能与干贮种子寿命有关，随着贮藏时间的推移，种子逐渐丧失活力，因而萌发率降低，说明干贮种子宜早播不宜迟播，可能其他贮藏方式如沙藏，会使活力丧失慢些，需进一步研究。而覆盖深度结果表明，表面播种萌发率最低，5cm 次之，2cm 最高，原因可能是当播种于表面，除极少部分种子进入土壤缝隙外，其余种子均仅被稻草覆盖，一方面，这部分种子可能遭到动物取食；另一方面，经过浸泡播种的种子，表面很大程度受到土表湿度的影响，如果湿度过低，种子不仅不能进行生理吸水，还有可能把吸涨那部分的水分也挥发掉，因而导致萌芽率最低；而种子埋藏一定深度既能逃避动物的取食，又有利于继续吸水，因此，萌芽率有所提高；种子发芽过程中，营养物质的分解和转化是靠旺盛的酶促活动，就需要有充分的氧气和能量做保证，发芽环境中氧气含量低于 20%时，种子呼吸强度与氧气含量呈直线关系。因此，种子在保证吸水条件后，还对通气条件有一定的要求，埋藏 2cm 的种子的通透性比 5cm 要好，萌发率也高。由基质种类趋势图可知，配土萌发率最高，河沙次之，园土最差，原因可能是，试验地园土黏度大、通气性差，容易板结，导致种子尚未萌发就腐烂；播种于洁净河沙中，相对其他两种基质，通气性好，但保水性和肥力较差，在温度稍高或管理不当时，容易随温度升高而缺水旱死，同时种子萌发到一定时候，自身营养耗尽，需要胚根从基质中吸收养分，河沙肥力不足，不能供应幼苗后期生长，因而出苗不久就逐渐枯死；配土成分是园土∶河沙∶腐殖质=6∶3∶1，园土由于加入河沙，通气性提高，腐殖质的加入使肥力增加，导致配土既有一定的黏度，透气透水保墒能力好，高肥力还能促使幼苗成长[23]，因而播种于配土后萌发率最高。

5. 白簕种子萌发特性试验结论

水分是影响种子萌发的重要因素，只有在水分充分满足的条件下，种子才能够启动萌发，种子内的各种酶类才能活化，种子中的各类物质才能被水解，由高分子的贮藏态转变成低分子的可利用状态[185]。而浸种时间关系到水分的吸收，更关系到种子的萌发，因此把握好吸涨时间非常关键，而在适宜条件下，种子萌发需水量的大小主要取决于种子的种内物质成分。因此，高光强和弱光强生境种子浸泡 24h 后的吸水量基本达到恒值，而中光强种子需浸泡 24～32h 时才能达到饱和吸水量。

在室内人工气候箱内试验表明，温度是影响白簕种子萌发率的关键因素，在 15～25℃下均能进行良好萌发，其中 20℃为最适宜温度，5℃下未萌发，较低温度成为限制种子萌发的重要因素之一，白簕种子每年 9～12 月成熟后就会很快散落，此时面临严冬，如果成熟种子当年立即萌发，其幼苗将难以越冬，可见低温对白簕种子萌发的限制实际上是长期自然选择的结果，这与任坚毅等的研究结果一致。不同发芽方法所涉及的因素主要是水分的保持，沙－纸发芽法能更好地促进种子吸水，因此适合于发芽时间长的物种，但是河沙消毒工作必须严格控制培养过程中的水分，否则会导致更多种子腐烂。

研究发现，白簕种子萌发对光照强度并不敏感，12h 光照/12h 黑暗相对于 24h 光照条件萌发率差异不显著，这有可能因为覆盖一层湿润滤纸，导致光照强度降低。但是 24h 黑暗条件对白簕种子萌发的影响明显，萌发降低，且发芽时间推迟，这说明虽然光不是白簕种子萌发的必需条件，但也需要一定的光照，因此，建议在人工播种时浅播。

赤霉素处理的种子萌发率提高、萌发时间缩短的结果表明，适宜浓度赤霉素能够打破种子休眠，促进种子萌发，浓度过高对种子的萌发有一定的抑制作用，过低则不能起到明显的促进效果。试验反向证明，白簕种子具有休眠特性。

在试验地进行播种季节、覆盖深度和基质种类的正交试验，得出白簕种子繁殖最佳处理组合为 $A_1B_2C_2$，即当年采集室温布袋干藏的种子进行秋季播种于配土中并覆土 2cm，萌发率为 58.45%。表明对于干贮种子来说，当年秋播比当年冬播和次年春播好，且浅播比深播和表面播种好。

5.1.4 种子不同贮藏方法研究

1. 不同贮藏方法

2009 年 1 月 5 日，将白簕种子采取以下几种贮藏方法进行贮藏：①低温干贮：将白簕种子继续放于 0～4℃、相对湿度(40±5)%冰箱中贮藏。②室温(冬季)湿沙贮：种子先用 50%多菌灵加 500 倍水液浸泡消毒 30min，清水冲洗干净，河沙经 140℃烘箱高温消毒，加水使沙子含水量为 35%，即手握成团但不滴水。将种子、沙按 1∶3 混合均匀，装入广口瓶内，放置于室内。③低温湿沙贮：准备工作同前，将广口瓶放于 0～4℃、相对湿度(40±5)%冰箱中贮藏；湿沙贮种子隔周搅拌翻动以保持良好的通气，检查河沙含水量，及时补水，观察种子变化情况。④30cm 土埋：种子先用 50%多菌灵加 500 倍水液浸泡消毒 30min，清水冲洗干净后用吸水纸吸干水分，直接装入塑料纱网埋藏室外土壤下 30cm 处，每 10d 检查一次。

2. 不同贮藏方法种子形态特征观察和播种试验

2009 年 2 月 15 日，各不同贮藏方法中随机抽出 10 粒种子，在 Motic SMZ-168 体视显微镜下进行外部形态和内部结构(锋利刀片从种脊剖开)的观察，然后用手捏碎以辨不同。进行室外播种，将经过不同贮藏方式的种子播种于试验地配土(壤土∶河沙∶腐殖质=6∶3∶1)，覆土深度为 2cm，干贮种子经 25℃温水浸泡 24h 后播种，湿沙贮和土埋种子直接播种。各设 3 个重复，每个重复 150 粒种子。播种后浇透水，盖湿透的稻草保湿。播种隔天观察发芽情况，待看见萌发两片子叶时统计萌发率，观察到 3 月 22 日。

3. 不同贮藏方法结果分析

1)不同贮藏方法种子形态结构观察

不同贮藏方法种子形态特征观察见表 5.6，从外部形态来看，种子依然保持原状，为不规则三棱锥体，颜色方面，干贮种子均保持原色，而湿沙贮和 30cm 土埋种子变黑；饱满度顺序为室温(冬季)湿沙贮＞低温湿沙贮=30cm 土埋＞室温干贮(即低温干贮)；内果皮硬度发生改变，室温(冬季)湿沙贮种子内果皮开始软化，30cm 土埋种子也变软但不如前者，而干贮种子硬度保持原样；此时，室温(冬季)湿沙贮种子超过半数萌发，胚根最长约 2cm，同时 30cm 土埋种子个别萌发，部分胚根刚突破种皮。

从内部结构来看，种皮有差异，干贮种子种皮没有改变，但是湿沙贮和 30cm 土埋种子由棕色有褶皱变成黑色光滑；胚乳质地和颜色也有较大差异，干贮种子软且乳白偏黑，低温湿沙贮种子硬略脆且乳白偏黄，室温(冬季)湿沙贮和 30cm 土埋种子则脆而滑且乳白；经过纵剖可见，室温(冬季)湿沙贮和 30cm 土埋种子可见清晰子叶，低温湿沙贮和低温干贮没有发现。

表 5.6　不同贮藏方法种子的外部形态和内部结构

贮藏方法	种子外部形态				种子内部结构				萌发率/%
	颜色	饱满度	内果皮硬度	萌发情况	种皮	胚乳质地	胚乳颜色	子叶	
低温干贮	浅灰、灰褐、深褐色	+	硬	—	棕色褶皱	软	乳白偏黑	无	–
室温(冬季)湿沙贮	黑色	+++	较软	半数萌发胚根长	黑色光滑	脆、滑	乳白	有	77.78
低温湿沙贮	黑色	++	略软	—	黑色光滑	硬略脆	乳白偏黄	无	–
30cm 土埋	黑色	++	软	个别萌发	黑色光滑	脆、滑	乳白	有	21.78

注：种皮指去除内果皮后紧裹胚乳的那一薄层种皮；“+”代表饱满度的程度

2) 不同贮藏方法种子播种

最先发芽的是室温(冬季)湿沙贮种子，其次是 30cm 土埋种子，3 月 22 日统计结束时低温湿沙贮和低温干贮种子未见萌发。室温(冬季)湿沙贮种子播种后 8d(即 2 月 23 日)开始出土，到 3 月 15 日停止萌发，此时平均萌发率高达 77.78%；30cm 土埋种子正陆续发芽，萌发率为 21.78%，因此 4 种贮藏方法相比，室温(冬季)湿沙贮种子出苗最早，其次为 30cm 土埋种子。

同时对 2009 年 1 月 5 日至 2 月 15 日实验室室内温度进行测定，温度范围为 3～14℃，即此次室温(冬季)湿沙贮种子经历了低温阶段，也经历了中温阶段，是经过一个复杂的变温阶段达到了层积催芽处理的目的。这个结果与梁明等提到的结论吻合，即胚细小型种子，都要经历一个低温阶段(1～10℃)，同时要与中高温相结合，才能达到发芽的目的。无低温阶段不可以，只有低温而不与中高温相结合亦不能发芽。也与臧润国等提到同属物种刺五加经过变温层积处理后的种子播种平均出苗率高达 80.80%相一致。

因为时间关系，只有观察到 3 月 22 日的数据，未能统计到低温湿沙贮和低温干贮种子的萌发率。只能将 2009 年室温(冬季)湿沙贮种子和 30cm 土埋种子与 2008 年春季播种的萌发率比较，2008 年干贮种子正交试验的春季播种组合 $A_3B_3C_2$ 萌发率最高，为 20.89%，初次出苗时间为第 75 天；但是 2009 年室温(冬季)湿沙贮种子萌发率高达 77.78%，初次出苗时间为第 8 天；将两次原始数据进行方差分析和多重比较可知，出苗率差异极显著。

由此可见室温(冬季)湿沙贮可以有效避免种子活力丧失，还能起到层积催芽的作用，将种子层积 35～45d 后进行第二年春季播种，可以提高出苗率，缩短出苗时间。

4. 最佳贮藏方法

由此可见，上年秋季采集的种子经过自然风干后，先放入 0～4℃、相对湿度 (40±5)%冰箱下贮藏，再经室温(冬季)湿沙贮可以有效避免种子活力丧失，还能起到层积催芽的作用，将种子层积 35～45d 后进行第二年春季播种，可以提高出苗率，缩短出苗时间。

5.1.5 白簕种子休眠原因探索

1. 白簕内果皮与休眠的关系

选择中光强生境种子分 3 种情况，即完整种子、缺刻种子(用刀片在种皮上轻轻划两下，不伤到里面的种子)和剥皮种子(将种皮全部剥掉)，然后采用同前相同的方法测定种子的吸涨时间。

2. 白簕果实及种子内源萌发抑制物与休眠的关系

于 2008 年 10 月西山中光强生境采集成熟果实，一部分自然干燥，一部分浸泡后搓洗去外果皮及果肉，浮选出饱粒种子自然风干，然后装入布袋，悬挂于室内干燥通风处；并于 2009 年 3 月将部分果实用刀片分割出外果皮、内果皮和种子 3 个部分。

制备白簕果实及种子等部位的抑制物质粗提物：称取果实及种子部位少许(小于 10g)，放入冰箱冷藏浸泡 48h 后，加入研钵中研碎，过滤 2～3 次，直到没有滤渣，于 25℃的恒温条件下浸泡白菜种子 3h，然后放入 25℃全光照人工气候箱里培养，各 90 粒，3 次重复。在随后的萌发过程中，采用稀释 50 倍的提取液进行补水。

经过培养的白簕种子，24h 测定萌芽率，48h 测定幼根长度，每个处理重复 3 次。采用 SPSS 11.5 对萌芽率和幼根长度进行方差分析。

3. 试验结果分析

1) 种皮与休眠的关系

对中光强生境不同处理种子测定吸水进程(图 5.6)，其中，缺刻种子的吸水速率和吸水量均大于完整种子，而剥皮种子的吸水速率小于完整种子和缺刻种子，而且在浸泡 12h 后基本达到恒值，这说明内果皮对种子的吸水过程有一定的阻碍作用。中光强生境不同处理种子的饱和含水量存在一定的差异，对其做单因素方差分析，结果表明，完整种子和剥皮种子之间的饱和含水量不存在差异，却与缺刻种子之间的饱和含水量存在显著差异，同时完整种子和剥皮种子达到饱和含水量的时间相差极大，说明白簕种子内果皮透水性不良。

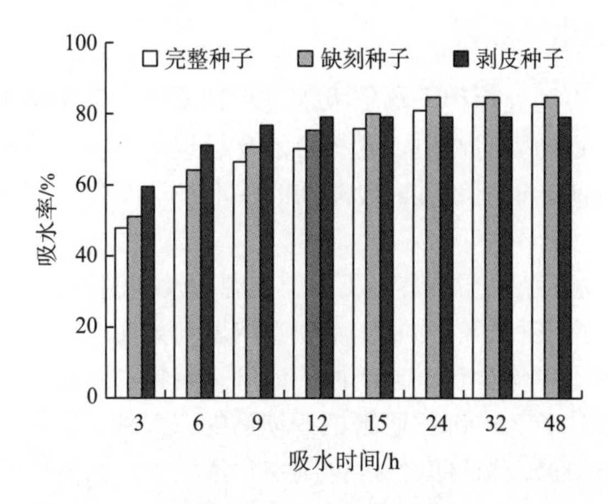

图 5.6　对中光强生境不同处理种子测定吸水进程

由于白簕内果皮木质化程度高，硬实致密，对种子的吸水过程有一定的阻碍作用，这也是种子休眠的原因之一。

2) 白簕果实及种子内源萌发抑制物与休眠的关系

蒸馏水对照与用白簕外果皮、内果皮和种子 3 个部位研磨液浸渍白菜种子 24h 时的萌发率差异显著，表明白簕外果皮、内果皮和种子都含有抑制性物质，对白菜种子产生轻微的抑制作用；同时，种子和内果皮、外果皮的研磨液差异显著，且内果皮、外果皮研磨液的抑制作用强过种子研磨液。蒸馏水对照与用白簕外果皮、内果皮和种子 3 个部位的研磨液浸渍白菜种子 48h 的幼根长度差异显著，表明白簕外果皮、内果皮和种子都含有抑制性物质，对白菜种子产生轻微的抑制作用；种子和内果皮、外果皮的研磨液差异显著，且内果皮、外果皮研磨液的抑制作用强过种子研磨液(图 5.7)。

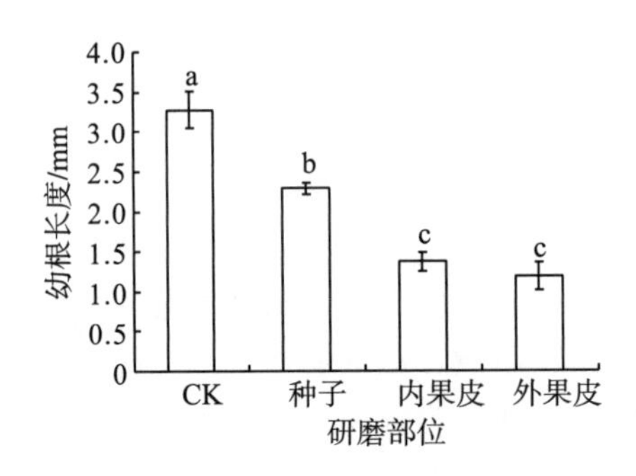

图 5.7 果实各部分研磨液对白菜种子萌发率和幼根长度的影响

不同小写字母表示在 $P<0.05$ 水平上差异显著

4. 白簕种子休眠原因

对中光强生境不同处理种子测定吸水进程试验中，证明高木质化内果皮对种子的吸水过程有一定的阻碍作用，这极可能是导致野生实生苗极少的原因之一。因而建议人工播种前一定要经过一段时间的浸泡，即自然风干种子在 25℃水温下至少浸泡 24h。

赵敏等[186]通过研究刺五加果实及种子内源萌发抑制物质活性，得到刺五加果实各部位粗提物对白菜种子的抑制作用随着浓度增大而增强的结果。白簕果实外果皮、内果皮和种子中均含有一定活性的内源抑制物，但是蒸馏水对照与用白簕外果皮、内果皮和种子 3 个部位研磨液浸渍后的白菜种子萌发率和幼根长度相差不大，原因可能是研磨液浓度太低，抑制物含量较少，因而抑制效果不明显。

5.1.6 野外生境模拟试验

野外调查发现，成年居群产果量大，但是在植株下方及附近的阴湿地段实生苗极少，因而设计本试验验证该物种有性繁殖中，直接播种果实和种子后的萌发率。

1. 研究方法

2008 年 11 月，分别以西山和金城山白簕居群下和附近壤土、枯叶和试验地园土为基质进行试验地播种试验，并模拟生境，除搭一层遮阳网外，不进行其他任何管理。试验设置 5 组，每组 450 粒果实，3 次重复，分别为：①土表：果实放置在土壤表层。②土埋：果实埋藏在土壤表层下 1cm 处。③土-枯叶：果实放置在土壤表层，其上覆盖 2cm 厚的枯叶。④枯叶-枯叶：果实放置在枯叶基质上，再覆盖 2cm 厚的枯叶。⑤枯叶表：果实放置在枯叶表层。对照组(CK)设置两组，每组 450 粒，3 次重复：CK_1 为配土表，果实放置在配土表层；CK_2 为配土埋，果实埋藏在配土表层下 1cm 处。播种隔天观察萌发情况，待看见萌发两片子叶出土稳定时统计萌发率，并直到稳定(连续 7d 不见出苗)。

2. 试验结果分析

置于土埋和配土埋条件下果实萌发率较高，为 55.05%和 57.34%，之间没有显著差异($P>0.05$)，与其他条件相比，差异显著。土-枯叶条件下果实萌发率为 30.31%，相对于土埋和配土埋已经明显下降，差异显著($P<0.05$)；而土表和配土表萌发率更低，为 15.41%和 17.94%，数值波动较小，之间没有显著差异($P<0.05$)，却与其他条件差异显著($P<0.05$)。最低的是枯叶-枯叶和枯叶表条件下的果实萌发率，仅为 4.81%和 3.57%，与土-枯叶差异极显著，与土埋和配土表差异显著(图 5.8)。

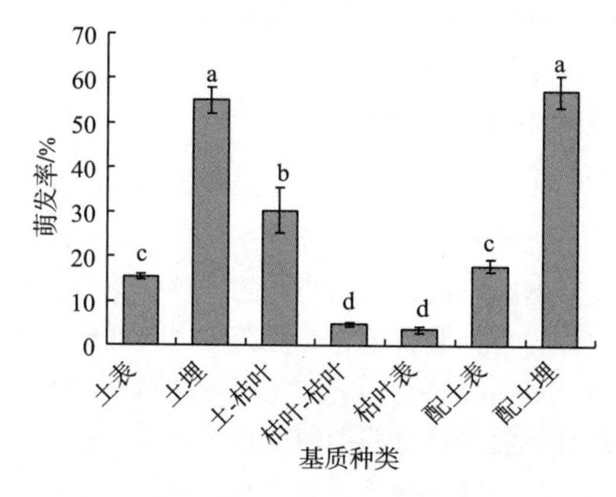

图 5.8　不同萌发基质和覆盖物下白簕种子的萌发率

不同小写字母表示在 $P<0.05$ 水平上差异显著

枯叶-枯叶和枯叶表条件两组混合处理最接近野外生境，其萌发率最低的原因与枯叶为基质时其表面凹凸不平，导致水分分布不均匀，影响果实进一步吸涨或者完全浸在水中很长一段时间，导致其萌发失败；野生果实除了部分遭到动物取食外，掉落在前一年的枯叶上，随着冬天的来临，很快被当年的凋落物所覆盖，就如同模拟试验中的枯叶-枯叶和枯叶表条件，但是吹风或者降雨等轻动枯叶，使得部分果实掉落到土壤表面，因而萌发。土-枯叶因为果实一半可以接触到土壤，对其吸涨吸水有一定的帮助，而且避免了长期浸泡在水中，因而萌发率略高；土表(近似居群附近的阴湿地段)和配土表果实完全露天放置，可能遭到动物取食，水分完全来自雨水，试验地冬季雨水相对其他季节少，影响果实进一步吸水，长期不下雨还可能使已吸入的水分挥发，而那些少量进入土壤缝隙的果实则有可能萌发。

土埋和配土埋条件下果实萌发率较高，为 55.05%和 57.34%，表明果实埋藏一定深度既能逃避动物的取食，又有利于果实吸涨吸水。

3. 野生条件下最佳萌发环境

野生白簕成年居群下方的环境条件近似于模拟试验中的枯叶-枯叶和枯叶表，果实萌发率仅为 4.81%和 3.57%，而附近的阴湿地段则相当于土表条件，萌发率略高，为 15.41%，说明在野外虽然产果量大但实生苗少。土埋和配土埋条件下果实萌发率较高，为 55.05%和 57.34%，由于果实的果皮具有抑制萌发的物质，而且果实由于带有果皮，比种子感染概率大，更容易发霉腐烂，因此认为在大规模育种时宜采用种子育苗。

5.2 白簕无性繁殖技术

5.2.1 白簕无性繁殖及生物学基础

1. 无性繁殖

无性繁殖是由营养器官直接产生新个体的一种生殖方式，又称营养繁殖；无性繁殖所获得的苗木称为营养繁殖苗、无性苗，也有的称克隆苗。无性繁殖后代的基因型与母株较为一致，因而它们的性状与母株高度一致，能较好地保持母株的优良特性，在保存育种者新培育的类型或自然突变上有重要的作用。无性繁殖后代姊妹株间的基因型也一致，群体性状整齐。另外，无性繁殖的速度较快，从繁殖到开花或长成商品株的时间较短[187,188]。经白簕种源调查发现，白簕营养繁殖能力强，因而进行无性繁殖技术探索研究非常可行。为发掘我国白簕药用资源，开发利用绿色蔬菜，提高农民收入，获得大量可供开发和生产利用的遗传增益高、性状整齐一致的优良无性系植株，特开展无性繁殖技术研究。

2. 白簕无性繁殖的生物学基础

白簕无性繁殖的生物学基础：①利用白簕植物器官的再生能力，使营养体生根或生芽变成独立个体。白簕在生产上的扦插繁殖、压条繁殖均属于此类，其技术关键在于促其迅速再生与分化，经过两年半的研究发现，白簕的扦插繁殖、压条繁殖均能获得繁殖材料。②利用植物器官受损伤后，损伤部位可以愈合的性能，把一个个体的枝或芽移到其他个体上，形成新的个体，即嫁接，生产上嫁接技术关键在于保证尽快愈合。经白簕种源调查发现，白簕属于攀缘性灌木，枝条软弱铺散，分枝较脆易断，且密布下向刺，不适合进行嫁接。③利用生物体细胞在生理上具有潜在全能性，使其植物的器官、组织或细胞变成新的独立个体，其关键是使潜在全能性再现。经过多年的研究试验，白簕无性繁殖技术取得初步成功，现予以总结，以供参考。

5.2.2　无性繁殖技术

5.2.2.1　分株繁殖技术

1. 分株繁殖

经种源调查发现，白簕居群的根状茎是无性繁殖的主要构件，由地上茎倒伏在地后，在适当的环境条件下茎上的部分潜伏芽萌发生长，同时节基部生根而成为许多无性系分生小株，因此可以通过截断根状茎挖出小分株进行分株繁殖。

1）研究地概况

研究地一为金城山森林公园，该地自然条件优越，物种丰富。研究地二为南充市西山后山。退耕还林近十年来，高大乔木少，灌木丛生。研究地三为西华师范大学生命科学学院试验地，位于西山后山山脚，地处106°6′E，30°8′N，属于亚热带季风湿润气候区，四季分明，冬暖夏热，年均气温为 17.6℃，年均降水量 820～1100mm，相对湿度较大，多年平均湿度为 73%～83%，年均日照时数为 1292.9h，无霜期为 312.4d。试验地土壤为紫红色，黏度大，肥力中等。

2）试验过程

分株采自金城山和西山的野生白簕居群。于 2006 年 12 月 20 日（冬季）挖取进入休眠期的分株和 2007 年 3 月 5 日（春季）挖取开始萌发生长的分株，尽量选择大小一致的分株，主根至少需保持 10～15cm，然后将侧根及地上茎（主茎保持 20～30cm 高度，侧茎和叶片全部剪掉）适当修剪后，带回试验地栽种。150 株，3 次重复。

3）栽种及田间管理

试验地提前一周挖松、耙碎整理好，按行株距都为 50cm×50cm 挖穴，穴径为 25cm，深度为 30cm，每穴施农家肥（猪粪）约 500g。然后将母株均匀散开，每穴 1 根，入土深度为完全盖住地下部分，并理直根系，再填细土脚踏踩紧，边踩边向上提主茎，然后浇透水。移栽后每天进行观察，直到新枝长到一定高度为止，于 2007 年 5 月 5 日统计成活率、萌发新枝数和新枝均高。

田间管理包括：①遮阴：通过对白簕生态学的研究可知，白簕对光照和土壤湿度有一定要求，为了避免高温和强光的危害，需及时为白簕搭建棚架，并覆盖两层遮阳网（阴雨季节则揭开）。②浇水：通常在晴朗天气的早晚进行，浇水量能够确保土壤湿润。③除草和松土：为了减少周围杂草对土壤中肥力的吸收，要定期进行除草，一月一次；由于试验地土壤易板结，还需用锄头挖松植株周围的硬土。④施肥：随时观察植株长势，密切注意是否需要施肥（尿素和复合肥，浓度各为 5%)，以确保土壤中的肥力能满足白簕的生长需要。⑤其他管理：长期阴雨天气，防止涝害需人工开沟排水；长期高温天气，防止旱害需采用降温措施，在棚顶遮阳网或在叶面喷洒水，浇水次数增多等措施。⑥加强病虫防治工作。

2. 分株繁殖结果和分析

移栽后观察发现，2006 年 12 月(冬季)挖取分株，此后 60d 地上部分基本没有变化，第二年 2 月中旬，枝条上潜伏芽开始萌动，随后萌发新枝长势佳，新枝不仅从主茎上萌发，还有的从根部破土萌发，成活率高。2007 年 3 月(春季)挖取已经萌发的小分株，15d 后发现，部分芽枯死掉落，25d 后才于主茎上重新初现新芽；50d 长成小新枝，萌发枝数量不等，最长新枝约 10cm，且成活率低。由表 5.7 可知，在不同季节(春季和冬季)栽种白簕分株，其冬季栽种分株的成活率、萌发新枝数及新枝均高远高于春季栽种，原因可能是冬季分株处于生长停滞期，绝大多数营养物质存留在体内以备过冬，此时移栽气候条件适宜，移栽分株能安全过冬，逐渐生根，为来年春季萌芽生长提供充足的水分和矿质元素。而春季分株移栽效果不佳的原因是春季白簕分株枝条上的潜伏芽已经开始萌发生长，加之经过一个冬季，营养物质消耗较多，此时截断与母株相连的根茎，挖动分株根系在一定程度上影响分株对水分和矿质元素的吸收，影响潜伏芽的萌发和新芽的生长，因而生长滞后；同时 2007 年春季南充地区出现为期一个月的干旱，虽然加紧田间管理，但是成活率依然偏低。由此可见，分株繁殖需要在树液流动萌芽开始前一段时间进行，可以确保较高的成活率。

表 5.7 不同季节白簕分株繁殖

移栽时间	分株数/株	成活数/株	成活率/%	萌发新枝数/条	新枝均高/cm
冬季	150	135	90.00	9.17	88.83
春季	150	88	58.67	3.15	11.53

3. 白簕分株繁殖结论

冬季进行白簕移栽效果比春季好，建议在春季萌芽前进行分株繁殖。分株繁殖的优点：通过截断根状茎挖出分株的繁殖方式不会对居群造成大的破坏，只是从居群边缘挖走部分分株，操作简单。田间管理发现，移栽白簕容易成活，幼龄期短，生长速度快，适应环境的能力强，适当进行田间管理即可，病虫害发生率低，移栽至今 2 年多尚未发现病虫害。缺点：进行大规模人工栽培需要大量植株，如果采用分株繁殖，挖取量太大，会毁灭性破坏野生居群，同时，远距离挖取大量分株耗时且成本相对较高，因此还需进一步探索其他优质的繁殖方法。

5.2.2.2　压条繁殖技术

1. 压条繁殖

压条繁殖指将母株的部分枝条压埋入土(基质)中，待其生根后切离，另行栽植的繁殖育苗技术。压条生根过程中的水分、养料均由母体供给，管理容易，为了促进压入的枝条生根，常将枝条入土部分进行环状剥皮或刻伤等处理。压条繁殖是营养繁殖中最简便、最可靠的方法，成活率高，成苗快，能够保持母本优良特性。通过对白簕野生资源调查发现，白簕茎倒伏后易形成小分株，这一特性表明，该物种适合进行压条繁殖。

1) 材料和方法

压条母株采用分株繁殖到试验地的植株，高 1～2m，枝条生长旺盛并向四周蔓延，共 243 株。从母株上选择长势健壮均一、长约 1m、离地面相对较近且向外展开的当年生枝条作为压条。准备工作：压条前一周左右对母株试验地进行必要的除草、松土及水肥等管理。压条前一天，将母株周围 10～30cm 内的土壤挖松，然后挖穴作为压条穴位。穴位离母株近的一侧挖成斜面，另一侧挖成垂直面，碎土堆于旁边，用于压条后覆土。压条时间：2007 年 12 月 25 日(冬季，休眠期)和 2008 年 5 月 2 日(春季，生长期)。压条方式：单枝压条法。压条制作：为了促进压条的生根，在进行压条前，对发根节段进行处理。处理的主要方法如下。

(1) 环割：在发根节段的节下约 0.5cm 处环状割一周，处理的深度达木质部，并截断韧皮部的筛管通道。单根枝条按照长度分为大致等长的上、下两段，部分枝条环割上段，部分枝条环割下段，在同一枝条上连续环割 2 个节。

(2) 不同浓度的生长素 IBA 处理：生长素 IBA 的浓度分别为 0mg/kg、100mg/kg、500mg/kg、1000mg/kg、1500mg/kg、2000mg/kg，其处理方法采用涂抹法，采用中号毛笔浸蘸生长素后在环割处均匀涂抹一周即可。每个处理 20 根枝条，3 次重复。

(3) 压条工具：锄头、铲锹、手套、枝剪、小刀、铁线、木叉等。

(4) 压条处理：将经过上述处理的枝条弯入土中，使枝条梢端向上；为防止枝条弹出，在下弯部分靠近母株的合适地方，插入自制竹叉固定，以防反弹；盖细土 8～20cm，压紧，使枝梢露出地面。由于白簕枝条较脆，压条时尽量避免弄断，若弄断，则另换枝条，重复以上步骤然后压条。

(5) 压后管理：主要是注意保持土壤的湿度，要经常检查压入土中的枝条是否压稳，有无压条枝条露出地面，如有需要及时重压，如无则尽量不要触动，以免影响生根。

2) 移栽及田间管理

压条 150d 后，进行切离移栽，将已发根的压条苗截离母株，挖出立即带土移栽。栽后要注意浇水、遮阴，提供良好的环境条件，维持适当的湿度和温度(最佳温度应保持在22～28℃，相对空气湿度为80%，温度太高，介质易干燥，长出的不定根会萎缩，温度太低又会抑制发根)。移栽后立即在棚架上铺盖单层遮阳网，压条苗成活后可开始施清淡的人畜粪水，并配合施用浓度为1%的尿素和复合肥以壮苗。成活后进行常规田间管理，压条后隔周观察，150d后切离移栽，统计成活率，然后每个处理随机挑出2株(共108株)去泥洗净后测定平均根数、最长根长、最粗根径和新枝均高。

2. 压条繁殖结果与分析

压条枝条通过环割处理，可将顶部叶片和枝端生长枝合成的有机物质和生长素等向下输送，形成相对的高浓度区。加上埋压造成的黄化处理，使切口像扦插生根一样，产生不定根。压条处理后40～60d，环剥上方切口处就可长出不定根；60～90d，可见新芽破土，根系和新芽幼嫩；直到150d时，新植株根系有良好的根群，能够独立吸收水分和矿物质，且新枝高约80cm，能够提供养分，因而可以进行切离移栽。将生根植株截离母株，连根带土挖出移栽，50d移栽成活，带土移栽成活率高达100%。虽然所有枝条上环割2个节，只有少数处理长出2株新植株，多数产生一株新植株。这与种源调查情况略有不同，原因有待进一步研究。经108株压条苗根部去泥洗净发现，所压枝条节部成簇状生长大量不定根，34株围绕环割处长一圈根，仅9株发现从皮孔生出少量的根。

由表5.8可知，冬季休眠期压条和春季生长期压条相比，冬季休眠期压条更好；从枝条部位来看，下段枝条比上段枝条更适合进行压条，而且生长期枝条的上段所有处理枝条全部干枯或腐烂；而使用不同浓度生长素涂抹，压条效果表现出先升后降的情况，休眠期压条IBA浓度采用1500mg/kg、春季生长期采用1000mg/kg最好。

原因分析：冬季休眠期压条比春季生长期压条好的原因可能是冬季压条时休眠期枝条生长停滞，为过冬储备了营养物质，经压条处理后，正好于第二年春季气温回升时把营养物质提供给枝条萌芽生根；而春季压条是生长期枝条仅生长两三个月，相对年轻，贮存营养不足，同时脆嫩的枝条做环割处理可能伤及枝条组织，因而压条效果不及冬季好。同一季节压条，下段枝条比上段枝条好，是因为下段枝条发育充实，能够提供压条所需的营养；而生长期枝条的上段所有处理枝条全部干枯或腐烂的原因可能是刚长出的新梢太细太嫩，环割处理不仅截断了皮部筛管通道，也截断了木质部，或感染细菌所致。经过不同浓度生长素IBA涂抹处理后，压条效果表现出先升后降的情况，表明采用生长素处理能显著增强枝条生根能力，且低浓度生长素对枝条生根能力效果明显提高，而高浓度生长素处理反而会下低。即插穗中内源激素已基本可以满足生根要求，在使用外源激素时以低浓度为宜，若浓度过高，则会抑制生根和根系发育。休眠期和生长期压条最佳生长素浓度不同，且生长期压条浓度低，可能是因为生长期枝条体内自身产生生长素的量超过休眠期枝条。

表 5.8　不同季节不同部位白簕枝条压条繁殖

不同压条时间	压条不同部位	IBA 生长素不同浓度/(mg/kg)	单枝压条繁殖					
			成活率/%	平均根数/根	最长根长/cm	最粗根径/mm	新枝均高/cm	备　注
2007 年 12 月 25 日(冬季休眠期)	上段	0(CK)	80.00	2.12	0.61	0.88	64.52	各项指标同下段枝条规律相同，只是压条总体效果略不及下段枝条
		100	82.22	3.5	3.85	1.45	68.93	
		500	84.44	12.55	5.65	1.96	75.62	
		1000	86.67	16.35	7.53	2.54	82.97	
		1500	91.11	22.82	8.09	3.02	89.89	
		2000	73.33	4.23	3.52	2.86	67.56	
	下段	0(CK)	75.56	3.28	1.26	1.35	65.13	成活率高，二级侧根多，新枝长势佳，根系随 IBA 浓度增加呈现先升后降的规律
		100	86.67	4.81	4.52	1.98	72.15	
		500	88.89	18.00	5.96	2.92	85.35	
		1000	95.56	26.75	8.26	4.01	90.24	
		1500	100.00	30.05	9.98	5.08.	95.16	
		2000	77.78	6.6	6.68	2.56	70.68	
2008 年 5 月 1 日(春季生长期)	上段	0(CK)	0	0	0	0	0	生长期上段全部腐烂，没有生根，也没有萌发新梢
		100	0	0	0	0	0	
		500	0	0	0	0	0	
		1000	0	0	0	0	0	
		1500	0	0	0	0	0	
		2000	0	0	0	0	0	
	下段	0(CK)	73.33	3.12	1.02	0.55	70.89	生长期下段枝条能生根萌芽，且根系随 IBA 浓度增加呈现先升后降规律，但效果不及冬季压条
		100	77.78	8.6	5.68	2.16	78.36	
		500	80.00	10.84	7.65	3.09	86.25	
		1000	82.22	15.57	7.93	3.54	90.56	
		1500	71.11	4.23	3.52	2.86	84.37	
		2000	64.44	3.5	3.85	1.45	72.59	

3. 压条繁殖结论

冬季进行白簕压条繁殖比春季好。压条繁殖的优点是在不脱离母株条件下促其生根，成活率高，生根后带土移栽成活率为 100%，幼龄期短，生长速度快。缺点是操作步骤烦琐，繁殖量低，短期内无法产生大量种苗，不利于大规模繁殖育苗。因此还需进一步探索其他优质的繁殖方法。

5.2.2.3 扦插繁殖技术

1. 扦插繁殖

为获得大量可供开发和栽培利用的遗传增益高、性状整齐一致的优良无性系植株，因而开展扦插繁殖技术研究。扦插繁殖过程是一个复杂的生理过程，影响因素不同，成活难易程度也不同。不同植物、同一植物的不同品种、同一品种的不同个体生根情况也有差异。说明插穗生根成活与否，与植物种类本身的一些特性有关，所以对影响插穗生根的各因素，包括扦插育苗材料的选择、插穗枝龄、枝条部位、插穗直径、插穗长度、扦插季节、插穗带叶与否、生长素种类、生长素浓度及浸泡时间和扦插基质等方面进行综合研究。特于2007～2008年在西华师范大学新区试验地利用常见基质及常规育苗的简易设施，较系统地开展了白簕扦插试验，并取得预期的效果，现予全面总结以供参考。

1) 插床准备

将圃地翻耕整平，按床面宽1.2m，长20m作插床，然后将基质(园土、洁净河沙、沙质土和配土)铺垫在床面上，厚20～25cm。扦插前一周，基质使用0.3%的高锰酸钾溶液彻底消毒，再用自来水浇透备用。搭设高约50cm塑料苗床小拱棚(冬季和春季扦插)和高约2m的遮阴棚，并铺盖双层黑色塑料遮阳网。

2) 扦插方法及田间管理

(1) 不同育苗材料：2007年3月1日，白簕根和茎作扦插育苗材料。

(2) 不同插穗枝龄：2007年7月10日，白簕插穗年龄分已木质化、半木质化和未木质化三类。

(3) 不同枝条部位：2007年9月5日，白簕半木质化枝条分成顶端、中部和基部。

(4) 不同直径插穗：2007年9月6日，白簕半木质化中下部枝条按不同直径分成<0.5cm、0.5～0.8cm、>0.8cm三类。

(5) 不同长度插穗：2007年9月6日，白簕半木质化中下部枝条按不同长度分成<10cm、10～15cm、15～20cm、>25cm四类。

(6) 不同扦插季节：分别于2007年7月10日、9月5日、11月15日，2008年2月12日，用白簕半木质化茎进行扦插。

以上试验设计除(5)外，插穗长度约为15cm，上平下斜，上切口蜡封，先用0.3%高锰酸钾溶液浸泡基部2～3cm处2min消毒，洗净后晾干备用。不同处理各180根，3次重复。

扦插株行距为15cm×15cm，扦插深度为插穗长度的1/2，插前在基质上打孔，放入插穗后压实，并浇透水。每天酌情喷水和揭棚通风。扦插后每隔10d喷洒1次多菌灵消毒液，防止插穗腐烂，且及时清除腐烂插穗。30d后，每隔10d加喷施 1 次 5%尿素和磷酸二氢钾的混合溶液，促进生根及生长。扦插生根成活后，进行移栽，同时注意水肥和遮阴等田间管理。扦插 15d 后调查萌芽率和新芽数，50d 统计生根率，80d 统计移栽成活率。

2. 扦插繁殖结果与分析

1) 不同扦插育苗材料

由表 5.9 可知，当根为扦插育苗材料时，生根率高、根系量大、发达，但扦插过程一直未见新芽萌发，以致移栽后成活率为零，不能获得独立植株，因此白簕根段能否作为扦插育苗材料尚需进一步深入研究。尽管茎插穗生根率低，但根系发达，萌芽率高，移栽后成活率高，植株长势好，因此，宜采用茎作扦插材料。

表 5.9　筛选扦插材料

育苗材料	萌芽率/%	萌芽情况	生根率/%	根系情况	成活率/%
根	0	未见新芽萌发	72.7	发达，遍布于中下部	0
茎	65	平均新芽为 1.45 个	30.6	发达，节基部簇生	29.4

2) 不同年龄枝条

插穗枝龄采用枝条类型表示：已木质化(上年春长出，枝龄超过 1 年)、半木质化(上年夏秋间长出，枝龄超过半年且小于 1 年)和未木质化(当年春天长出，枝龄仅 2～3 个月)。不同类型插穗扦插生根成活率(生根率)差异大(表 5.10)，其中半木质化的成活率(生根率)最高，为 35.6%(36.1%)，高于已木质化[22.2%(24.4%)]和未木质化[1.7%(3.9%)] 的成活率(生根率)，说明半木质化枝条营养物质和内源激素最多，有利于扦插生根成活，因此宜采用半木质化枝条作插穗。

表 5.10　不同枝龄插穗对扦插的影响

插穗类型	萌芽率/%	新芽数/个	生根率/%	根系情况	成活率/%
已木质化	82.2	1.60	24.4	略发达、簇生	22.2
半木质化	97.8	1.86	36.1	发达、簇生	35.6
未木质化	45.6	1.06	3.9	不发达	1.7

白簕扦插存在“假活”(地面萌发新梢，地下没有生根)和“假死”(地面不萌发新梢，地下已生根)现象，但“假活”插穗比“假死”插穗多，统计见表 5.11。“假活”插穗扦插过程一直没有萌发不定根，只靠插穗内营养物质和喷施的叶肥来维持新梢的长势，大部分在扦插后 5 周枯萎，22.4%的插穗会维持到插后 7 周。

“假活”严重影响了插穗的生根率和成活率，因此避免“假活”是插穗生根成活的关键，需要进一步研究。

表 5.11 不同时期的插穗萌芽率

项 目	插后 1 周	插后 2 周	插后 3 周	插后 4 周	插后 5 周	插后 6 周	插后 7 周
有新芽的插穗数	139	406	385	331	178	142	121
新芽枯萎的插穗数	0	0	21	54	153	36	21
萌芽率/%	25.7	75.2	71.3	61.3	33.0	26.3	22.4

注：插穗总数为 540 株，萌芽后又枯萎的插穗为“假活”插穗，共有 285 株，所占比例高达 52.8%；插后 50d 拔苗统计时发现，11 株(2.04%)的插穗仅有不定根却不萌芽，即为“假死”插穗

3) 枝条不同部位

试验结果见表 5.12，顶端枝条成活率和生根率均最低，为 16.1%和 17.2%，根系不发达，且干枯腐烂插穗多，首先排除；尽管中部枝条萌芽率为 100%，新芽最多，但“假活”插穗也多，地面部分大量消耗插穗营养物质导致地下根系生长不佳，因而生根率(36.1%)不如基部(45.6%)的高，且根系也不如基部发达，因此宜采用基部枝条做扦插材料。

表 5.12 不同部位枝条对扦插的影响

部 位	萌芽率/%	新芽数/个	生根率/%	根系情况	成活率/%
顶 端	51.7	1.23	17.2	不发达	16.1
中 部	100	1.91	36.1	略发达、簇生	36.7
基 部	90	1.83	45.6	发达、簇生	50.6

4) 不同直径插穗

由不同直径插穗扦插后试验结果(表 5.13)可知，直径＞0.8cm 的插穗各项检验指标均最高，扦插效果最好，说明半木质化枝条越粗，内部营养物质和内源激素含量越多，因而萌芽和生根效果越好；但是母株居群里直径＞0.8cm 的半木质化枝条量不多，虽然扦插效果好，但不易获取，因此排除。其次是直径为 0.5～0.8cm 的插穗，虽然扦插效果不如前者，但是直径 0.5～0.8cm 的半木质化枝条量大，制备插穗容易，易于采集。最差的就是直径＜0.5cm 的插穗，由于枝条细，营养储备不足以先提供萌芽后提供生根，在生根阶段由于营养的消耗而后劲不足，故排除。因此，采用半木质化枝条扦插时，宜选择直径为 0.5～0.8cm 的枝条制作插穗。

表 5.13　不同直径插穗对扦插的影响

插穗直径	萌芽率/%	新芽数/个	生根率/%	根系情况	成活率/%
＜0.5cm	93.9	1.81	38.3	略发达、簇生	35.0
0.5～0.8cm	97.8	1.83	47.2	发达、簇生	47.8
＞0.8cm	98.3	1.92	58.8	较发达、簇生	58.8

5）不同长度插穗

在试验中发现，插穗长度和节的数量密切相关，通常长度＜10cm 有 2 个节，长度 10～15cm 有 3 个节，长度 15～20cm 有 4 个节，长度＞25cm 有 5 个节，经过多次试验可以确定白簕插穗生根大多是在节部生簇状根，因此长度（节数）对插穗生根成活有很大的影响。试验结果见表 5.14，萌芽率和新芽数最大值出现在长度＞25cm 的插穗组里，分别为 99.4%和 2.52 个，但是生根率和移栽成活率的最大值出现在长度为 15～20cm 的插穗组里，生根率为 49.4%，根系较发达、簇生，成活率为 50.6%。原因可以从两个方面去考虑：第一，插穗长度越长，营养物质和内源激素越多，可以为插穗萌芽提供充足的养分，另外长度还决定了节的数量，节多潜伏芽就多，故长度＞25cm 的插穗萌芽率最高，新芽数最多；第二，长度长，扦插深度是插穗的一半，插穗长度越长，留在基质外面的长度越长，越容易导致插穗失水，干枯情况相对较多。因此，长度＞25cm 的插穗的生根率和移栽成活率不及长度 15～20cm 的插穗，因而首先排除。而插穗长度＜10cm 的各项指标最低，也排除。对于长度 10～15cm 有 3 个节和长度 15～20cm 有 4 个节的插穗，各项指标虽有差异，但差异小，均可作为扦插插穗。因此，采用半木质化枝条扦插时，插穗长度约为 15cm、保持 3～4 个节为最优选择。

表 5.14　不同长度插穗对扦插的影响

插穗长度	萌芽率/%	新芽数/个	生根率/%	根系情况	成活率/%
＜10cm	82.2	0.98	22.2	略发达、簇生	17.8
10～15cm	97.8	1.83	47.2	发达、簇生	47.8
15～20cm	98.3	1.95	49.4	较发达、簇生	50.6
＞25cm	99.4	2.52	45.6	较发达、簇生	44.4

6）不同季节的扦插情况

不同季节的白簕插穗成活率和生根率存在差异性（表 5.15）。顺序为秋季＞春季＞夏季＞冬季，因此进行简易设施的常规育苗最适宜的季节是秋季，其次是春季。白簕秋季半木质化枝条为当年生健壮枝条，长势好，且为即将到来的冬季储备了大量营养物质，同时试验地区秋季气候凉爽适宜，故成活率和生根率最高。春季枝条属于上年夏秋季生长的枝条，经过一个寒冷冬季，使得枝条内营养物消耗较多，因而插穗生根情况不如秋季的好。夏季扦插需等到 7 月以后才能采集到半木质化枝条，而此时母株中下部绝大多数枝条开始现蕾，现蕾枝条不宜作插穗，而不现蕾枝条有限；同时试验地区 7～8 月正值酷暑炎热，高气温使插穗萌发较早较快，加快消耗插穗营养物质，间接抑制生根，因而“假活”的插穗占多数；另外在炎热的夏季扦插，水分等管理工作十分要紧，稍有疏忽插穗就会缺水死亡。因此，在夏季，简易设施的常规育苗方法生根率不高，管理难度大，不适宜在此季节进行扦插。冬季气候寒冷，枝条下部掉叶逐渐进入休眠，2007 年相比更冷，尽管采用塑料拱棚等保暖措施，同时扦插统计由 50d 增加为 80d，最后生根率、成活率仍很低且根系不如其他季节好。

表 5.15　不同季节对白簕扦插的影响

季节(试验时间)	萌芽率/%	新芽数/个	生根率/%	根系情况	成活率/%
春季(3 月 1 日)	79.4	1.66	38.3	发达、簇生	37.8
夏季(7 月 10 日)	99.4	1.86	36.1	发达、簇生	30.0
秋季(9 月 15 日)	88.3	1.77	45.6	发达、簇生	46.1
冬季(12 月 1 日)	48.3	1.12	19.4	略发达、簇生	19.4

3. 扦插繁殖的结论和讨论

经过一年多来的筛选试验发现：①在茎和根作育苗材料时，选择茎扦插才能确保繁殖出独立无性系植株，且易于大面积繁殖；②最适常规扦插的插穗为半木质化的基部茎；③最适常规扦插的插穗直径为 0.5～0.8cm，长度为 15cm 左右且保持 3～4 个完整的节；④最适扦插季节为秋季，其次为春季；⑤恰当配合使用塑料薄膜和遮阳网，能明显提高扦插苗生根率；⑥苗床应选择平整、肥沃的地块，加强管理。

5.2.2.4　秋季绿枝扦插技术

1. 扦插材料和插穗制作

扦插穗采自南充市西山野生健壮植株，2008 年 9 月 1 日，采集母株上半木质化直径为 0.5～0.8cm 的基部枝条(非果枝)。将枝条剪成长约 15cm 的插穗，保留 3～4 个饱满腋芽。上平下斜，切口光滑，距腋芽 1～2cm，下切口位于腋芽对面，上切口蜡封。根段插穗长 8cm，60 根插穗为 1 捆，先用 0.3%高锰酸钾溶液浸泡基部 2～3cm 处 2min 消毒，洗净后晾干备用。不同处理各 180 根，3

次重复。

2. 试验设计及统计分析

通过正交表$L_4(2^3)$作正交试验设计得到下列4个处理组合(表5.16)：①$A_1B_1C_1$为带叶插穗用清水处理后扦插于壤土中；②$A_1B_2C_2$为带叶插穗用 1500mg/kg 的 IBA 速蘸 10s 后扦插于沙质土中；③$A_2B_1C_2$为不带叶插穗用清水处理后扦插于沙质土中；④$A_2B_2C_1$为不带叶插穗用 1500mg/kg 的 IBA 速蘸 10s 后扦插于壤土中。每处理 30 根，重复 3 次。扦插后 15d 调查萌芽率和新芽数，50d 时拔出洗净后统计平均梢长、生根率、平均根数和平均最长根长，80d 后统计成活率，然后进行相应的直观分析和方差分析[17]。

表 5.16　扦插正交试验因素和水平

水　平	因　素		
	带叶与否(A)	生长素(B)	扦插基质(C)
1	带叶插穗(一片叶剪半)	清水对照(CK)	壤土
2	不带叶插穗	1500mg/kg IBA 速蘸 10s	沙质土(壤土∶河沙＝1∶1)

3. 扦插结果与分析

扦插结果的直观分析见表5.17。用IBA处理的两个组合成活率(生根率)最高，$A_1B_2C_2$达90.0%(89.4%)，$A_2B_2C_1$为80.6%(80.6%)；不用IBA处理的两个组合成活率(生根率)较低，$A_1B_1C_1$为42.8%(43.9%)，$A_2B_1C_2$为47.8%(51.1%)。扦插过程中发现处理组合$A_1B_2C_2$和$A_2B_2C_1$相比$A_1B_1C_1$和$A_2B_1C_2$“假活”插穗少，说明采用生长素IBA处理能极大地促进“假活”插穗生根，且生根早、发达，根系量大，根系长度长。

表 5.17　扦插结果

处理组合	成活率/%	萌芽率/%	新芽数/个	平均梢长/cm	生根率/%	平均根数/条	平均最长根长/cm
$A_1B_1C_1$	42.8	82.2	1.75	5.16	43.9	5.68	2.37
$A_1B_2C_2$	90.0	93.3	1.80	6.85	89.4	20.15	3.96
$A_2B_1C_2$	47.8	88.3	1.72	4.98	51.1	6.76	2.53
$A_2B_2C_1$	80.6	92.8	1.82	6.06	80.6	15.60	3.73

直观分析结果极差值R越大，则表示该因素的水平变化对指标的影响越大，即该因素越重要；反之，R值越小，则表示该因素越不重要。首先进行因素分析，从表5.18可知，A(带叶与否)、B(IBA处理与否)和C(不同基质)3个因素中B的

极差值 R 全部远大于 A 和 C，说明采用生长素 IBA 处理是本研究的首要因素。而 A 和 C 两因素，极差值 R 除了平均梢长是 A＞C，其他 6 项指标(成活率、萌芽率、新芽数、生根率、平均根数和平均最长根长)均是 C＞A，从综合效果说明因素 C 比 A 的影响大。因此，该正交试验的 3 因素影响顺序为 B(IBA 处理与否)＞C(不同基质)＞A(带叶与否)。

表 5.18 因素和水平的直观分析结果

因素	水平	成活率/%	萌芽率/%	新芽数/个	平均梢长/cm	生根率/%	平均根数/条	平均最长根长/cm
A	1	66.4	87.75	1.78	6.005	66.65	12.915	3.165
	2	64.2	90.55	1.77	5.52	65.85	11.18	3.13
	R	2.2	2.80	0.01	0.485	0.80	1.735	0.035
B	1	45.3	85.25	1.74	5.07	47.5	6.215	2.45
	2	85.3	93.05	1.81	6.455	85.0	17.875	3.845
	R	40	7.8	0.07	1.385	37.5	11.66	1.395
C	1	61.7	87.5	1.79	5.61	62.25	10.64	3.05
	2	68.9	90.8	1.76	5.915	70.25	13.455	3.245
	R	7.2	3.3	0.03	0.305	8.00	2.815	0.195

其次进行水平分析，A_1(带叶插穗)、A_2(不带叶插穗)中，只有萌芽率 1 项是 $A_2>A_1$，其余 6 项指标全是 $A_1>A_2$，因此，确定带叶插穗 A_1 为最佳水平。原因可能是带叶插穗扦插后能继续进行光合作用，补充碳素营养，供给插穗萌芽所需的营养物质和生长激素，因此带叶插穗综合效果高过不带叶插穗；但是，插穗所带叶片数量不能过多，在新根系未形成前，插穗所带叶片过多，蒸腾量增大，因而造成插穗失水枯死，故有利于插穗萌芽生根所带叶片的数量需要进一步研究。B_1(清水对照)、B_2(1500mg/kg IBA 速蘸 10s 处理)全部指标均是 $B_2>B_1$，因此，确定采用 1500mg/kg IBA 速蘸 10s 后能极大地提高插穗的成活率。C_1(壤土)、C_2(沙质土)中，只有新芽数 1 项是 $C_1>C_2$，其余 6 项指标均是 $C_2>C_1$，因而确定沙质土比壤土更适合用于扦插。原因可能是，试验地壤土黏度大，浇水使之板结，通气性差常常导致插穗土下部分烂皮死苗，虽然对前期萌芽和新芽数影响不大，但是却影响插穗生根成活；而沙质土既有一定的黏度，透水保墒能力和通气性也均好，是白簕秋季绿枝扦插的优良基质。

因此，对于白簕秋季绿枝扦插的成活率(生根率)来说，最佳处理组合为 $A_1B_2C_2$，即带叶插穗用生长调节剂 IBA 1500mg/kg 速蘸 10s 后扦插入沙质土中。

4. 秋季绿枝扦插结论

白簕秋季绿枝正交扦插育苗试验观察发现：①插穗使用 1500mg/kg IBA 速蘸

10s 处理能极大地促进“假活”插穗生根而提高插穗的生根率；②沙质土比壤土更适合做扦插基质；③插穗带适量的叶子，更有助于提高生根率。

5.2.2.5　春季硬枝扦插技术

1. 材料和方法

扦插材料来自四川省南充市西山野生健壮植株，于 2008 年 2 月 21 日，采集未萌动的 1 年生白簕枝条制作插穗。

按 $L_{16}(4^5)$ 正交表进行试验，因素和水平见表 5.19，不考虑交互作用，16 个处理随机排列，每个处理 180 个插穗，3 次重复，管理一致。

表 5.19　硬枝扦插正交试验因素和水平

水平	插穗类型(A)	激素种类(B)	质量分数/(mg/kg)(C)	处理时间/h(D)	基质种类(E)
1	直径＜0.5cm 的一年生中部插穗	IBA	清水对照(CK)	0.5	洁净河沙
2	直径 0.5～0.8cm 的一年生中部插穗	NAA	100	2	园土
3	直径＜0.5cm 的一年生下部插穗	IAA	200	6	园土：河沙＝2：1
4	直径 0.5～0.8cm 的一年生下部插穗	ABT_1	500	12	园土：河沙：有机肥＝6：3：1

2. 插床准备和插穗制备

按床面宽 1.2m、长 20m 作插床，将基质铺垫在床面上，厚约 25cm。扦插前一周，基质使用 0.3%的高锰酸钾溶液彻底消毒，再用自来水浇透备用。搭设高约 50cm 塑料苗床小拱棚和在高约 2m 的遮阴棚铺盖遮光率为 70%的黑色遮阳网。

将采穗枝条剪去顶端纤细部分，再分成中部和下部两截，剪成长约 15cm 的插穗，保留 3～4 个饱满腋芽。插穗上平下斜，切口光滑，距腋芽 1～2cm，下切口位于腋芽对面，上切口蜡封。制备好的插穗，60 根为 1 捆，先用 0.3%的高锰酸钾溶液在插穗基部 2～3cm 处消毒 2min，洗净晾干后进行激素处理。

3. 扦插方法与插后管理

选择早上采枝，及时处理后立即扦插。扦插株行距为 15cm×10cm，扦插深度约 10cm，插入压实后及时浇透水，盖上塑料拱棚保温、保湿和遮阳网遮阴。每天酌情喷水和揭拱棚通风，以利插穗生根。扦插后每隔 10d 喷洒 1 次多菌灵消毒液，防止腐烂，及时清除腐烂插穗。幼根形成后，每隔 10d 加喷施 1 次含 5%(质量分数)尿素和磷酸二氢钾的混合溶液，促进生根及生长。扦插生根成活后，进行移栽，同时注意水肥和遮阴等田间管理。

扦插后逐天观察萌芽情况，10d 后每个处理隔一周随机拔 2 根插穗观察生根情况，60d 后逐个插穗调查，具体调查内容：每个处理插穗萌芽率、生根数、生根部位；测量生根的数量、长度等。试验数据整理后，统计生根率、一级侧根数及长度，采用根系效果指数综合评价插穗生根能力。

统计分析前，对生根率进行 $\arcsin x^{1/2}$ 反正弦转换，根系效果指数＝平均根长×根系数量/总插穗数，用正交设计助手Ⅱ V3.1 专业版进行极差分析，用 SPSS 11.5 进行方差分析和多重比较(Duncan 法)分析各因素对生根率、根系效果指数的影响，确定各因素主次顺序和最佳处理水平，最终为低成本大规模育苗实践确定最佳方案。

4. 硬枝扦插结果与分析

1) 生根过程与生根类型

扦插后 4～8d 插穗上部露土腋芽开始萌动，18d 萌芽率达 80%，随着气温升高，20d 腋芽全部萌动并长出 2～3 片幼叶，尤其以直径 0.5～0.8cm 的一年生中部插穗和河沙中的插穗长得茂盛，此时插穗切口开始产生愈伤组织，大量插穗腋芽基部出现少量不定根，此时为生根早期，不定根呈灰白色，略透明，多汁易断。30d 腋芽基部的根数增多呈簇状，约 10%愈伤组织和极少量皮部出现短根，此后 15d 是插穗生根的高峰期。高峰期后，极少产生新根，主要是已有根伸长、长粗，并出现大量二级侧根，根由白色转变为黄褐色，新梢长势好。

60d 时调查统计发现，插穗生根部位主要是腋芽基部，生根早，根数多，远大于另外两类，根长较长，二级侧根多；其次愈伤组织生根，生根略迟，其诱导率远远高过生根率；再次为皮部生根，生根迟，二级侧根少。由此，可以认为白簕硬枝插穗属于综合性生根类型，即侧芽基部生根为主，兼有部分愈伤组织和皮部生根的综合性生根类型，易生根，根系发达。

2) 试验结果统计

本研究的扦插试验结果如表 5.20 所示，处理 $A_1B_4C_4D_4E_4$ 插穗生根率极低(16.44%)，处理 $A_2B_1C_2D_3E_4$ 和 $A_2B_4C_3D_2E_1$ 的生根率分别为 73.78%和 70.92%，插穗随机发现，处理 $A_2B_1C_2D_3E_4$、$A_4B_1C_4D_2E_3$ 和 $A_1B_3C_3D_3E_3$ 插穗生根早、多，说明只要试验因素与水平正交得当，就可以取得较高的生根率和发达的根系。

表 5.20 硬枝扦插试验结果

处理	生根率/%	平均根数/条	平均根长/cm	根系效果指数
$A_1B_1C_1D_1E_1$	31.96	7.42	2.07	0.152
$A_1B_2C_2D_2E_2$	47.62	8.69	2.75	0.228
$A_1B_3C_3D_3E_3$	65.45	19.99	3.02	0.580
$A_1B_4C_4D_4E_4$	16.44	3.12	2.88	0.086

续表

处理	生根率/%	平均根数/条	平均根长/cm	根系效果指数
$A_2B_1C_2D_3E_4$	73.78	22.55	3.05	0.668
$A_2B_2C_1D_4E_3$	56.57	8.68	2.23	0.192
$A_2B_3C_4D_1E_2$	64.17	10.25	3.38	0.333
$A_2B_4C_3D_2E_1$	70.92	14.25	2.86	0.396
$A_3B_1C_3D_4E_2$	28.86	3.05	2.05	0.061
$A_3B_2C_4D_3E_1$	34.23	9.21	2.41	0.218
$A_3B_3C_1D_2E_4$	31.68	4.87	1.76	0.085
$A_3B_4C_2D_1E_3$	54.36	8.84	2.15	0.184
$A_4B_1C_4D_2E_3$	66.92	15.79	2.95	0.452
$A_4B_2C_3D_1E_4$	57.13	10.33	2.78	0.273
$A_4B_3C_2D_4E_1$	60.17	9.78	2.83	0.269
$A_4B_4C_1D_3E_2$	53.86	7.89	2.11	0.160

3）不同处理对插穗生根率的影响

本研究的 16 种处理对白簕插穗生根率的影响差异很大（表 5.21）。处理不同，各因素水平的正交组合不同，说明找到各因素不同水平的优化组合是硬枝插穗取得高生根率的关键。5 个因素中插穗类型极差最大，其次为激素处理时间，再次为基质种类，激素质量分数和激素种类最小，分别为 16.16、10.88、9.28、8.94、2.54，表明插穗类型对插穗生根率起主导作用。从各因素不同水平来看，选择最佳生根率组合为 $A_2B_3C_2D_3E_3$ 或 $A_2B_1C_2D_3E_3$，即直径 0.5～0.8cm 的一年生中部插穗，用 100mg/kg 的 IAA 或 IBA 处理 6h，以园土：河沙= 2：1 为基质进行扦插育苗效果最好。方差分析表明，插穗类型、激素质量分数、激素处理时间和基质种类对插穗生根率均有极显著影响，激素种类无显著影响。各因素不同水平进一步多重比较表明，直径 0.5～0.8cm 的一年生中下部枝条生根率极显著高于直径＜0.5cm 的一年生中下部枝条，同一直径插穗生根率中下部无显著差异，表明同一部位粗枝插穗远比细枝插穗生根率高，同一直径中下部差异不大。在激素种类方面，尽管 4 种激素无显著差异，但数据表明，IAA 或 IBA 处理均可。在激素质量分数中，100mg/kg 和 200mg/kg 与清水对照和 500mg/kg 差异极显著，而 100mg/kg 和 200mg/kg 之间和 500mg/kg 和清水对照之间差异不显著，表明低质量分数激素处理对插穗生根率有所提高，且效果明显，而高质量分数激素处理反而会下降。激素处理时间上，处理 0.5h、2h 和 6h 插穗生根能力与处理 12h 差异极显著，处理 0.5h、2h 和 6h 之间差异不显著，表明长时间浸泡插穗会使得插穗生根率下降。基质种类中，园土：河沙＝2：1 极显著高于洁净河沙、园土和园土：河沙：有机肥 ＝ 6：3：1，而洁净河沙、园土和园土：河沙：有机肥=6：3：1 之间差异不显著。

表 5.21　正交试验设计及硬枝插穗生根率极差分析

处理	因　素					生根率/%(反正弦转换值)			
	A	B	C	D	E	Ⅰ	Ⅱ	Ⅲ	合计
1	1	1	1	1	1	35.85	38.47	28.59	102.91
2	1	2	2	2	2	42.53	45.8	42.53	130.86
3	1	3	3	3	3	47.47	59.02	55.92	162.41
4	1	4	4	4	4	17.05	22.22	30.98	70.25
5	2	1	2	3	4	65.2	59.54	53.55	178.29
6	2	2	1	4	3	52.24	46.66	47.47	146.37
7	2	3	4	1	2	53.55	59.02	47.47	160.04
8	2	4	3	2	1	59.02	59.02	54.15	172.19
9	3	1	3	4	2	35.85	32.83	28.59	97.27
10	3	2	4	3	1	35.85	37.52	34.02	107.39
11	3	3	1	2	4	37.52	30.98	34.08	102.58
12	3	4	2	1	3	47.47	46.66	48.39	142.52
13	4	1	4	2	3	59.02	59.54	46.66	165.22
14	4	2	3	1	4	52.48	47.47	54.15	154.1
15	4	3	2	4	1	45.08	48.39	51.83	145.3
16	4	4	1	3	2	47.47	45.8	48.39	141.66
K_1	116.61	135.92	123.38	136.59	131.95				
K_2	160.92	134.68	149.24	142.44	129.15				
K_3	112.44	139.28	146.49	147.44	154.13				
K_4	151.57	131.66	122.42	114.80	126.31				
K_1	38.87bB	45.01aA	41.13bB	45.53aA	43.98bB				
K_2	53.64aA	44.90aA	49.75aA	47.48aA	43.05bB				
K_3	37.48bB	46.43aA	48.83aA	49.15aA	51.38aA				
K_4	50.52aA	43.89aA	40.81bB	38.27bB	42.10bB				
R	16.16	2.54	8.94	10.88	9.28				

注：表中同列不同字母间表示差异显著，其中，小写字母表示差异显著($P<0.05$)，大写字母表示差异极显著($P<0.01$)

4)不同处理对插穗根系效果指数的影响

根系效果指数是用来评价扦插繁殖能力的一个综合指标，采用根系效果指数来综合评定插穗生根能力(表 5.22)。插穗类型对硬枝插穗生根能力的影响最大，极差 R 为 0.268，其他因素的影响顺序依次为激素处理时间、激素质量分数、基质种类和激素种类，极差分别为 0.254、0.190、0.148 和 0.127。与生根率极差分析比较差异极小。因此，硬枝插穗最佳根系效果指数组合为 $A_2B_1C_2D_3E_3$。方差分析表明，5 个因素对插穗生根率均有极显著影响，应进一步对各因素不同水平进行多重比较以确定差异来源。

表 5.22　硬枝插穗根系效果指数

水平	插穗类型	激素种类	质量分数	处理时间	基质种类
1	0.262cC	0.333aA	0.147dD	0.244cC	0.259cC
2	0.405aA	0.228cC	0.337aA	0.290bB	0.204dD
3	0.137dD	0.325bB	0.328bB	0.406aA	0.352aA
4	0.289bB	0.206dD	0.280cC	0.152dD	0.278bB
R	0.268	0.127	0.190	0.254	0.148

注：表中同列不同字母间表示差异显著，其中，小写字母表示差异显著(P<0.05)，大写字母表示差异极显著(P<0.01)

各因素不同水平多重比较(表 5.22)表明，4 种插穗类型生根能力差异极显著(P>0.01)，顺序为：直径 0.5～0.8cm 的一年生中部插穗>直径 0.5～0.8cm 的一年生下部插穗>直径<0.5cm 的一年生中部插穗>直径<0.5cm 的一年生下部插穗。表明同一部位粗插穗远比细插穗生根能力强，同一直径中部插穗比下部插穗生根能力强。因此，采用直径 0.5～0.8cm 的一年生中部插穗类型是提高硬枝插穗生根能力的首要有效措施。由此可见，一年生白簕枝条茎段发育充实，能够提供扦插后的营养物质，营养物质对插穗生根和根系发育非常重要，粗枝插穗由于先天条件好，其储备量高于细枝插穗，因而粗枝插穗生根情况好过细枝插穗；而对于同一直径中部和下部枝条，可能是下部枝条生长发育经历时间长，其生理活性相对减弱，缺乏非生长素生根刺激物(ERS)或者存在生根抑制因子，故下部枝条生根能力不如中部枝条。

从激素种类、质量分数和处理时间来看，激素处理时间和激素质量分数对生根情况的影响比种类更重要。在激素种类方面，4 种激素对生根能力影响差异极显著，其顺序为：IBA>IAA>NAA>ABT_1，表明各激素处理的根系效果指数差异极显著，因而可以选择 IBA 为最佳激素；4 个激素质量分数对生根能力影响差异极显著，顺序为：100mg/kg>200mg/kg>500mg/kg>清水对照，表明采用激素处理能显著增强插穗生根能力，且低质量分数对插穗生根能力效果明显提高，而高质量分数激素处理反而会降低。即插穗中内源激素已基本可以满足生根要求，在使用外源激素时以低质量分数为宜，若质量分数过高，则会抑制生根和根系发育；在激素处理时间上，4 个处理时间对生根能力影响差异极显著，顺序为：6h>2h>0.5h>12h，表明用激素浸泡插穗一段时间可以在一定程度上提高插穗生根能力，但浸泡时间过长则不利于插穗生根，以处理 6h 最佳。

基质种类中，4 种基质对生根能力影响差异极显著，顺序为：园土∶河沙=2∶1>园土∶河沙∶有机肥 =6∶3∶1>洁净河沙>园土，表明不同基质对插穗生根能力影响差异很大。园土生根能力最差且插穗腐烂最多，可能是因为土壤黏度大、通气性差，容易导致插穗土下部分烂皮死苗；洁净河沙在温度稍高或管理不当时，容易随温度升高而缺水旱死；园土∶河沙∶有机肥 =6∶3∶1 中有机肥养分高，高温高湿易感染病菌而影响成活，而消毒工作必须比其他基质严格方能使用；园土∶河沙=2∶1 生根能力最佳，因为既有一定的黏度，透水保墒能力好，同时因加入河沙通气性也好。

5. 硬枝扦插结论

采用一年生白簕硬枝插穗进行大规模的塑料拱棚扦插育苗是完全可行的。各试验处理中 $A_2B_1C_2D_3E_4$ 的最高生根率为 73.78%(重复之一生根率为 82.35%)，完全能够满足生产需要，且此最高生根率的处理组合并非是试验得出的最佳水平搭配。若采用最佳搭配组合，有望进一步提高插穗生根率。

一年生白簕硬枝插穗是以侧芽基部生根为主，兼部分愈伤组织和皮部生根的综合性生根类型，易生根，根系比较发达。扦插 4d 以后，插穗随即发芽展叶，然后生根，根系先从侧芽基部生成并呈簇状，后由愈伤组织诱导和皮部生成，且扦插后第 30～45 天是生根高峰期。

本研究的 5 个因素对生根率的作用顺序从强到弱依次为插穗类型、激素处理时间、激素质量分数、基质种类和激素种类，且对生根率的影响除激素种类均达到极显著水平。这 5 个因素对生根效果指数的作用顺序：插穗类型＞激素处理时间＞激素质量分数＞基质种类＞激素种类，且对生根能力的影响均达到极显著水平。试验处理最佳组合为 $A_2B_1C_2D_3E_3$，即直径 0.5～0.8cm 的一年生中部插穗，用 100mg/kg 的 IBA 处理 6h，以园土∶河沙=2∶1 为基质进行扦插育苗效果最好。

5.2.2.6 白簕无性繁殖扦插总结

在多年白簕无性繁殖的研究中进行了筛选试验、秋季绿枝扦插和春季硬枝扦插，结果表明，只要扦插各条件因素控制恰当，就可获得理想的成活率，因而获得大量可供开发和生产利用的遗传增益高、性状整齐一致的优良无性系植株。

首先是筛选试验，对影响扦插成活率的扦插育苗材料、插穗枝龄、枝条部位、插穗直径、插穗长度、扦插季节等因素进行逐一筛选，结果表明，在茎和根做扦插材料时，宜选择茎作为材料才能确保繁殖出独立无性系植株[图 5.9(a)～图 5.9(d)]；最适常规扦插的插穗为半木质化的基部茎；最适常规扦插的插穗直径为 0.5～0.8cm，长度为 15cm 左右且保持 3～4 个完整的节；最适宜季节为秋季，其次为春季；恰当配合使用塑料薄膜和遮阳网，能明显提高扦插苗生根率。但是扦插过程中发现存在萌芽快、生根慢、“假活”插穗［图 5.9(e)，图 5.9(f)］多的现象，并极大地影响了白簕扦插成活率。

其次是秋季绿枝扦插，9 月采集秋季非果枝条进行扦插，对插穗带叶与否、IBA 处理与否、不同基质 3 因素进行 $L_4(2^3)$ 作正交试验，成活率最佳处理组合为 $A_1B_2C_2$，即带叶插穗用生长调节剂 1500mg/kg IBA 速蘸 10s 后扦插沙质土中

［图 5.9(g)］。结论如下：插穗使用 1500mg/kg IBA 速蘸处理能极大地促进“假活”插穗生根而提高插穗的生根率；沙质土比壤土更适合作扦插基质；插穗带适量的叶子，更有助于提高生根率。

再次为春季硬枝扦插，2 月采集一年生未萌动的枝条对影响插穗生根的插穗类型、激素种类、激素质量分数、激素处理时间及基质种类 5 个因素进行研究。运用正交试验筛选出最佳组合 $A_2B_1C_2D_3E_3$，即直径 0.5～0.8cm 的一年生中部插穗，用 100mg/kg 的 IBA 处理 6h，以园土∶河沙＝2∶1 为基质，进行扦插育苗效果最好［图 5.9(h)］。白簕硬枝插穗属于综合性生根类型［图 5.9(i)，图 5.9(j)］，即侧芽基部生根为主，易生根，根系发达，只有部分属于切口愈伤组织和皮部生根［图 5.9(k)～图 5.9(m)］。

以上试验可知，使用秋季绿枝采用生长素 1500mg/kg IBA 速蘸 10s 和春季硬枝采用 100mg/kg IBA 浸泡 6h，能显著提高插穗的生根率，而且根系发达、根量多且长，出现二级侧根，同时新梢粗壮、长势佳，而未使用生长素处理的插穗生根根量少，无二级侧根，根较细［图 5.9(n)，图 5.9(o)］。秋季绿枝扦插和春季硬枝扦插的插穗移栽成活率非常高，长势好。

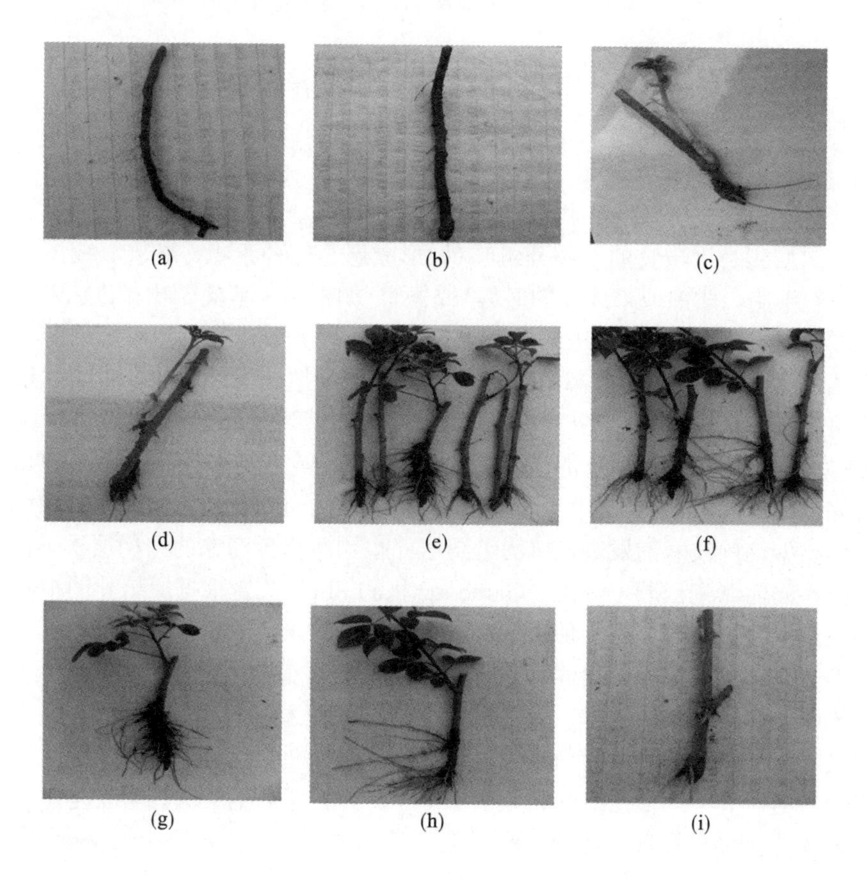

(a)　(b)　(c)　(d)　(e)　(f)　(g)　(h)　(i)

(j) (k) (l)

(m) (n) (o)

图 5.9 白簕扦插图片汇总

(a)、(b)根插穗；(c)、(d)茎插穗；(e)、(f)“假活”插穗；(g)秋季绿枝扦插最佳组合；(h)春季硬枝扦插最佳组合；(i)、(j)综合性生根；(k)节部簇生根；(l)切口愈伤组织生根；(m)皮孔生根；(n)、(o)未经生长素处理的插穗

5.3 白簕离体组织培养技术

5.3.1 植物组织培养

组织培养是用植物的一部分组织(如形成层、花药组织、胚乳、皮层、体细胞、生殖细胞、成熟或未成熟的胚等)或器官(如根尖、茎尖、叶、花、未成熟的果实、种子等)在无菌的人工培养基上进行离体培养，以获得完整植株的无性繁殖方法[189,190]。培养物是脱离植物母体，在试管中培养的，因此也称离体培养。植物组织培养理论是建立在植物细胞全能性基础上的。植物细胞的全能性是指植物的每个细胞都具有该植物的全部遗传信息，在一定培养条件下离体细胞具有发育成完整植株的潜在能力。用于发生无性繁殖系的组织块或细胞团称外植体。随着体外培养这门技术的发展，植物组织培养也因所培养对象的结构层次不同、培养结果不同而派生出若干分支。Gamborg 和 Phillips[191]曾根据所培养的植物材料的不同，把组织培养分为 5 种类型，即愈伤组织的培养、悬浮细胞的培养、器官的培养、茎尖分生组织的培养和原生质体的培养。植物组织培养技术发展至今，已形成了一套较完整的技术研究体系，并在向纵深发展。一是扩大了培养材料，特别是加强了各种有经济价值植物的研究；二是注重了细胞的生长、生化机制和遗传变异的研究；三是在细胞和分子水平上，开拓了新的研究内容，是生物工程中突变体的诱导与筛选、体细胞的杂交、基因的导入等不可缺少的基础[192-194]。

这将使植物组织培养技术的应用和研究向更新、更高的水平发展。

5.3.2　白簕组织培养

随着近年来对白簕药用保健方面的进一步开发，以及民间对野生植株的采摘，野生资源的原有结构有遭到破坏的危险，同时单纯依靠有限的野生资源已经无法满足市场需求，必须解决快速繁殖手段问题，才能进一步开发利用白簕资源。采用大面积的人工栽培技术已经在五加科大量的植物中得到了应用，并有了成熟的研究方法，但是有关白簕的组织培养研究仍属空白。因此，以白簕为研究材料，对组织培养的外植体植入、启动诱导、继代繁殖、胚培养等基本培养条件进行研究，探索主要影响因素与培养效果的关系，以期归纳出组织培养途径快速繁殖适用培养基配方和高效的培养流程，为白簕大量生产提供有效的依据，同时得到的愈伤组织为化学成分的分析和提取提供材料。

1. 组培试验准备

1) 材料与方法

采用白簕植株上萌发的幼嫩叶片、茎尖作为外植体进行离体培养研究。基本培养基的制备，为 MS 培养基[195]，成分列于表 5.23。制备 1000ml MS 流程如下。

(1) 混合培养基中的各成分。取 MS 大量元素母液 50ml，再分别取 MS 微量元素母液、MS 有机母液、MS 铁盐母液各 5ml 至 1000ml 的容量瓶中加入蒸馏水定容至 1000ml，倒入大烧杯中。

(2) 溶化琼脂。称取琼脂 6.5g 和蔗糖 30g。将称好的蔗糖倒入上面配好的溶液中，放在电炉上加热，待蔗糖溶解溶液沸腾后，冷却数分钟再加入琼脂，加热直到溶液沸腾，琼脂溶化。

(3) 调整 pH。用氢氧化钠溶液和盐酸溶液调整培养基的 pH 至 5.8～6.2。

(4) 装瓶。冷却后，分装入培养锥形瓶中，每个锥形瓶中分装≤25ml。进行培养基溶液分装时注意不要把培养基倒在瓶口上，以防引起污染，无盖的培养容器要用封口膜或牛皮纸封口，用绳子扎紧。

(5) 高压灭菌。放入高压灭菌锅灭菌，温度控制在 120～121℃，灭菌时间为 15min 左右。

(6) 冷却凝固。灭菌后从灭菌锅中取出培养基，平放在实验台上令其冷却凝固。

表 5.23　MS 培养基贮备液的配制

贮备液编号	成分	每成分用量/(ml/L)
贮备液 1 (大量元素)	NH_4NO_3 KNO_3 $CaCl_2$	50

续表

贮备液编号	成分	每成分用量/(ml/L)
贮备液 1（大量元素）	$MgSO_4 \cdot 7H_2O$	
	KH_2PO_4	
	KI	
贮备液 2（微量元素）	H_3BO_3	5
	$MnSO_4 \cdot 4H_2O$	
	$ZnSO_4 \cdot 4H_2O$	
	$Na_2MoO_4 \cdot 2H_2O$	
	$CuSO_4 \cdot 5H_2O$	
	$CoCl_2 \cdot 6H_2O$	
贮备液 3（铁盐）	$MgSO_4 \cdot 7H_2O$	5
	Na_2EDTA	
贮备液 4（有机成分）	肌—肌醇	5
	烟酸	
	盐酸吡哆素	
	盐酸硫胺素	
	甘氨酸	
	蔗糖	30g/L
	琼脂	6.5g/L

注：贮备液 3 分别溶解 $MgSO_4 \cdot 7H_2O$ 和 $Na_2EDTA \cdot 2H_2O$ 在 450ml 的蒸馏水中，适当加热并不断搅拌，然后将两溶液混合在一起，调整 pH 至 5.5，最后加蒸馏水定容至 1000ml

2) 培养条件及准备

所选用的基本培养基为 MS，按不同处理方案添加不同类型和浓度的生长素 2,4-二氯苯氧乙酸(2,4-D)、α-萘乙酸(NAA)、3-吲哚丁酸(IBA)和细胞分裂素 6-苄基腺嘌呤(6-BA)、6-呋喃氨基嘌呤(KT)。用 0.1mg/L NaOH 和 0.1mg/L HCl 调节 pH 至 5.8～6.2，121℃高压灭菌 15min。接种后置于 HPG-280H 人工气候箱内培养，培养温度均为(25±2)℃，相对湿度为 40%～80%。于晴天的中午或下午从健壮的植株上取材料，不取有伤口的或有病虫的材料，因为健壮的植株在晴天光合呼吸代谢旺盛，自身有消毒作用，且完整的没有伤口的叶片在洗涤和消毒过程中不会杀伤材料的内部组织。

2. 白簕组织培养结果与分析

1) 初代培养适宜激素组合

采用 MS 为基本培养基，添加不同配比的激素。添加不同浓度的 6-BA(0mg/L、0.2mg/L、0.4mg/L、0.6mg/L)和 2,4-D(0mg/L、0.5mg/L、1.0mg/L、1.5mg/L)，进

行交叉试验，每处理接种 10 瓶，每瓶接种 2～3 个，重复 3 次，20d 后观察结果，分别统计计算出愈率。试验结果表明，白簕外植体在含有不同浓度的植物生长调节剂 6-BA 和 2,4-D 的培养基上，进行正交试验，分化形成愈伤组织的情况具有一定的差异性(表 5.24)。诱导白簕外植体形成愈伤组织最理想的培养基激素浓度组合分别为 6-BA 0.2mg/L+2,4-D 1.5mg/L、6-BA 0.4mg/L+2,4-D 1.5mg/L、6-BA 0.6mg/L+2,4-D 1.0mg/L，诱导率分别为 87%、83%、92%。外植体在植入 7d 后，叶片开始卷曲；14d 后，在 2 号、3 号、9 号、12 号、14 号、15 号培养基中，外植体伤口处都有膨大的现象出现，但除了 12 号、15 号培养基中愈伤组织生长良好外，其余培养基中的外植体愈伤组织在后期都有不同程度的褐化和死亡的现象出现。在接种 25d 后，外植体几乎在所有的培养基中的愈伤组织由开始的浅绿色变成了黄绿色愈伤组织(图 5.10)，且在 8 号、12 号、15 号、16 号培养基中有较多的愈伤组织形成，并很好地生长。

表 5.24　不同激素组合对初代培养的影响

编号	6-BA/(mg/L)	2,4-D/(mg/L)	出愈率	愈伤组织生长
1	0	0	0%	+
2		0.5	32%	+
3		1.0	26%	+
4		1.5	38%	+
5	0.2	0	31%	+
6		0.5	41%	++
7		1.0	55%	+++
8		1.5	87%	++++
9	0.4	0	34%	+
10		0.5	53%	+++
11		1.0	51%	++
12		1.5	83%	++++
13	0.6	0	40%	++
14		0.5	60%	+++
15		1.0	92%	++++
16		1.5	78%	++++

注：+、++、+++、++++分别表示出愈量很少、少、多和较多

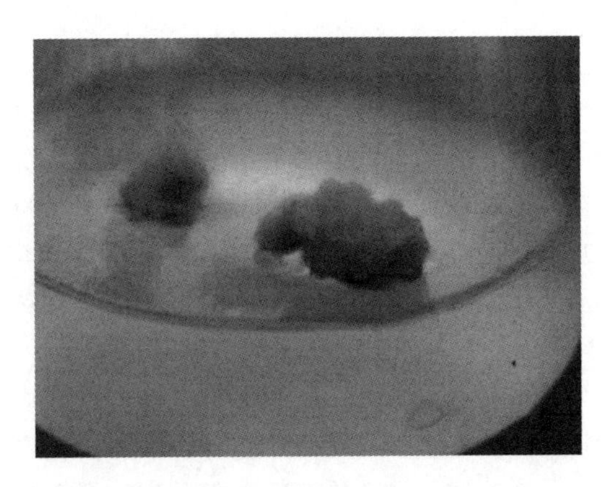

图 5.10 白芨初代培养(25d)

2) 继代增殖培养最佳激素组合

(1) 第一次继代。将初代培养得到的愈伤组织，分割成 0.1cm^3 大小的愈伤组织团，接种到下列培养基中，每瓶 2 个愈伤组织团块。

激素配方：①2,4-D 0.5mg/L+6-BA 0.2mg/L；②2,4-D 1.5mg/L+6-BA 0.2mg/L；③2,4-D 1.0mg/L+6-BA 0.6mg/L；④2,4-D 1.5mg/L+6-BA 0.4mg/L。观察生长情况，统计褐变数据。将经过初代培养得到的白芨愈伤组织接种到 4 种培养基中进行继代增殖培养。从表 5.25 可以看出，在 4 种培养基中，以 2,4-D 1.0mg/L+6-BA 0.6mg/L 组合的培养基中愈伤组织生长最好(图 5.11)，愈伤组织接种 10d 后表现出来生长旺盛、黄绿色、致密的特性，在试验进行到后期褐变率也很小，仅 1.54%。在 2,4-D 1.5mg/L+6-BA 0.2mg/L 和 2,4-D 1.5mg/L+6-BA 0.4mg/L 组合的培养基中愈伤组织也有较好的生长。但 2,4-D 1.5mg/L+6-BA 0.2mg/L 培养基中得到的愈伤组织为水浸状，柔软易损伤，不适宜进行继代培养；2,4-D 1.5mg/L+6-BA 0.4mg/L 组合得到的愈伤组织在后期的褐变现象严重，超过一半的愈伤组织出现褐变。试验同时发现，在 2,4-D 1.0mg/L+6-BA 0.6mg/L 培养基中生长良好的愈伤组织，在培养后期少数因为营养物质耗竭有玻璃化的倾向，因此选择最佳的第二次继代时间是非常重要的。

表 5.25 不同激素对白芨第一次增殖培养的影响

编号	2,4-D /(mg/L)	6-BA /(mg/L)	诱导率/%	褐变率/%	愈伤组织的生长
1	0.5	0.2	61.2	3.2	较少生长、浅绿色、疏松
2	1.5	0.2	78.6	13.6	大量生长、黄绿色、水浸状
3	1.0	0.6	95.75	1.54	生长旺盛、黄绿色、致密
4	1.5	0.4	81.35	53.48	大量生长、黄褐色、坚硬

图 5.11　白芨第一次继代培养

(2)第二次继代。将经过第一次继代培养后发育良好的愈伤组织团，分割成 0.1cm^3 大小的愈伤组织团块，接种到下列培养基中，每瓶接种 2 个愈伤组织团块，记录第一次继代培养转接的瓶数和第二次转接后的瓶数。选取经过第一次继代培养发育良好的愈伤组织，切割成 0.2cm^3 团块接种到：①2,4-D 1.0mg/L+6-BA 0.4mg/L；②2,4-D 1.5mg/L+6-BA 0.6mg/L 的培养基上，观察生长情况，统计增殖数据。分别于第 0 天、第 3 天、第 6 天、第 9 天、第 12 天、第 15 天、第 18 天、第 21 天取样测定其组织鲜重(mg)和干重(mg)，得到愈伤组织的生长曲线。试验发现接种到培养基①中的愈伤组织，在继代接种后进入延迟期(图 5.12)，前 3d 内生长极其缓慢甚至有生长停滞的现象，第 4～9 天，愈伤组织有缓慢的生长，第 15 天开始进入对数生长期，愈伤组织细胞积累量明显增加，到第 21 天左右，愈伤组织积累量几乎不再增加，进入静止期，其愈伤组织细胞生长积累基本符合“S”形增长曲线规律。接种于培养基②上的愈伤组织，继代接种后前 2d 仍无明显变化，第 3 天开始，继代前接触培养基的部分愈伤组织表面逐渐变褐，出现褐化现象，另一部分原先未接触培养基的愈伤组织缓慢生长出新的易碎状愈伤组织。说明 2,4-D 浓度对愈伤组织继代培养有明显影响，高浓度 2,4-D 会使其愈伤组织产生褐化现象。

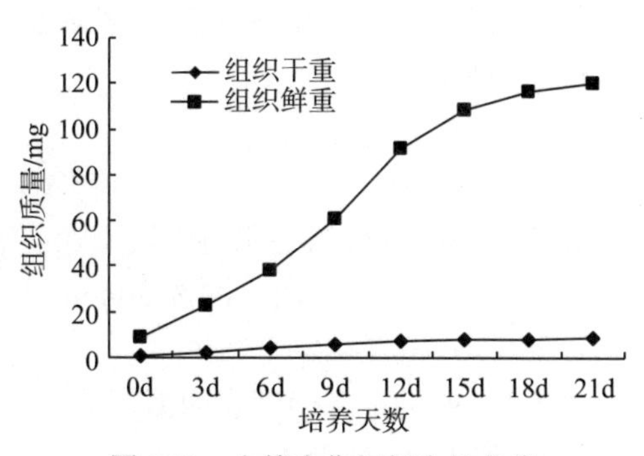

图 5.12　白芨愈伤组织生长曲线

3)取材季节对愈伤组织诱导效果的影响

分别取：当年春天3月新萌发的野生嫩叶和新生茎尖；移栽到试验田后，5月、7月新长出来的嫩叶和茎尖；9月、11月采摘的新生嫩叶和茎尖。从表5.26可以看出，在3月、5月取材，污染率较高，但是此时的死亡率和褐化率却是最低的，且春天到来，白簕处于抽发新芽嫩叶的最佳时期，可供接种的外植体数目较多，生命力旺盛。7月取材，外植体死亡率和褐化率都中等，但是其外植体的污染率较高，加大重复试验的量。9月是外植体的污染率最低的季节，但是可供接种的外植体数量较少，不是最佳的接种季节。11月是所有指标都较高的季节，这个季节，外植体生命力严重下降，褐化现象明显，死亡率也有很大的增加，因此这个季节不适宜采摘外植体进行试验。

表5.26 取材季节不同对外植体成活的影响

季节	接种数/个	污染率/%	死亡率/%	褐化率/%
3月	104	17.3	13.4	7.5
5月	86	26.7	12.8	6.9
7月	65	20.0	13.8	12.3
9月	76	11.8	25.0	9.2
11月	125	38.4	46.4	36.8

在试验过程中还发现，白簕在不同的季节都有新的嫩叶抽发。相比较而言，3月、5月接种的外植体难消毒，为了降低初代培养的污染率，消毒时间应该比别的季节稍微延长，然而这个季节的外植体生命力最旺盛，生长迅速，为接种的最佳季节。相反，11月虽然仍能够获得新鲜的嫩叶作为外植体，但是外植体的各项指标都很高，生命力很低，生长速度缓慢。7月和9月接种的外植体，唯一的缺陷就在于外植体启动培养速度较慢，出愈率不明显。另外，试验发现，第一次3月在野外采摘的试验材料，经过低温保存(密封置于冰盒中保存)，而第二次3月直接从试验田中取材，未经冷藏直接接种，两次比较发现在外植体经冷藏后再接种启动比直接接种褐化现象明显减少。

4)外植体最佳消毒时间筛选

茎、叶部分大都暴露于空气之中，且材料上具有较多绒毛或刺等附属物，采摘的材料，应先用清水漂洗干净，或用软毛刷将尘埃刷除，绒毛较多的也可用皂液或吐温洗涤，然后再用清水洗去皂液。流水冲洗30min以上，再进行消毒处理待用。

消毒方法采取以下3种：75%的乙醇溶液表面消毒20s，用灭菌过的清水冲洗3次，再用2%次氯酸钠溶液分别浸泡消毒40s、30s、20s，无菌水冲洗5次。消毒后将叶片切成 0.5cm×0.5cm 的小块，茎尖剪成 1.0～1.5cm 的带芽茎段，接种到启动培养基上，5d 后观察污染情况，20d 后记录死亡情况。试验结果表明(表 5.27)，茎段在用 75%的乙醇溶液消毒 20s 后再用 2%次氯酸钠溶液消毒 40s 后的污染率最低，但是其死亡率也是最高的，而再用 2%次氯酸钠溶液消毒 20s 后的死亡率是最低的，但是其污染率最高。因此对于茎段来说最佳的消毒时间应该是：75%的乙醇溶液表面消毒 20s，用灭菌过的清水冲洗 3 次，再用 0.2%次氯酸钠溶液浸泡消毒 30s，无菌水冲洗 5 次。嫩叶也是用 2%次氯酸钠溶液消毒 40s 后污染率最低，但是死亡率却高达 62.5%，而用 2%次氯酸钠溶液消毒 20s 后，虽然污染率有所增加，但是死亡率却只有 8.6%。外植体灭菌时间越长，消毒越彻底，但死亡的外植体也越多，说明消毒时间过长会杀死外植体。因此对于嫩叶来说最佳消毒时间应该是：75%乙醇溶液表面消毒 20s，用灭菌过的清水冲洗 3 次，再用 0.2%次氯酸钠溶液浸泡消毒 20s，无菌水冲洗 5 次。同时在试验过程中，应该根据实际情况，如材料的新鲜程度、老嫩程度等适当地调整灭菌消毒的时间，以求达到最佳的效果，保证消毒效果的同时保证外植体的存活率。

表 5.27　不同消毒时间的消毒效果

消毒时间/s	处理部位	污染率/%	死亡率/%
40	茎段	10.6	53.7
	嫩叶	3.1	62.5
30	茎段	12.3	13.9
	嫩叶	5.4	23.5
20	茎段	41.4	9.6
	嫩叶	6.8	8.6

5.3.3　白簕芽诱导分化及防褐化技术

1. 白簕芽诱导分化

1) 试验材料及方法

经前期试验得到的最佳表面消毒方式消毒灭菌后，将白簕茎段剪成 $1cm^3$ 见方的小块，接种于每升含有蔗糖 30g，琼脂 6.5g，pH 5.8 的培养基中，放置于(25±2)℃的 HPG-280H 人工气候箱中光照培养(1500Lx，12～14h/d)。在基本培养基 MS 中添加不同浓度配比的激素进行交叉试验。6-BA 的浓度分别为 0mg/L、0.1mg/L、0.5mg/L，KT 的浓度分别为 0.05mg/L、0.1mg/L、0.5mg/L。10d 后观察结果，分别统计出芽率：出芽率=长出丛生芽的外植体数/接种的外植体数×100%。

2) 光照对初代培养的影响

将每次接种的瓶子，平均处理，分别放在：①HPG-280H 人工气候箱内光照强度为 1000～1500Lx 下培养 12～14h/d; ②HPG-280H 人工气候箱内暗培养; ③HPG-280H 人工气候箱内全光培养。10d 后观察并记录感染情况和发生情况。

3) 不同继代培养时间的影响

①第一次继代时间的筛选。在试验进行到继代培养阶段，继代时间的重要性就显得尤为重要，它关系到继代后愈伤组织的存活率和生长情况。试验中，我们分别选取了初代发生的第 25 天、第 30 天、第 40 天，3 个继代时间进行继代培养，并在愈伤组织增殖培养发生 5d 后观察记录愈伤组织的生长情况，统计死亡率和褐变量，选取最佳继代时间。②第二次继代时间的筛选。同样，在试验中，分别选取第一次继代培养的第 21 天、第 25 天、第 30 天，3 个时间进行第二次继代培养的统计观察。同样观察记录愈伤组织的生长情况，统计死亡率和褐变量，选取最佳继代时间。

2. 白簕芽诱导分化试验结果与分析

在表 5.28 不同组合的培养基中接种白簕带腋芽茎段和茎尖，10d 后开始增殖生长，14d 后 2 号、3 号、8 号培养基外植体尖端长出绿色的小芽［图 5.13(a)］，随着时间的增加，出芽的情况也不断增加。24d 左右，1 号、4 号、5 号培养基中也都有新嫩芽和叶片出现［图 5.13(b)］，但在这个时候之前生长出来的芽有退化萎缩的现象。30d 左右，培养基内营养物质被消耗减少，芽也几乎不再生长，部分培养基中生长出来的芽也出现了较严重的褐化死亡现象。而试验进行到第一次继代增殖培养后，萌发嫩芽全部死亡。

表 5.28　白簕初代培养芽分化试验结果

试验组	KT/(mg/L)	6-BA/(mg/L)	接种外植体数/个	长出丛生芽的外植体数/个	出芽率/%
1	0.05	0	45	37	82.22
2	0.1	0	47	40	85.11
3	0.5	0	48	43	89.58
4	0.05	0.1	48	41	85.42
5	0.1	0.1	48	45	93.75
6	0.5	0.1	43	30	69.77
7	0.05	0.5	46	34	73.91
8	0.1	0.5	39	34	87.18
9	0.5	0.5	45	36	80.00

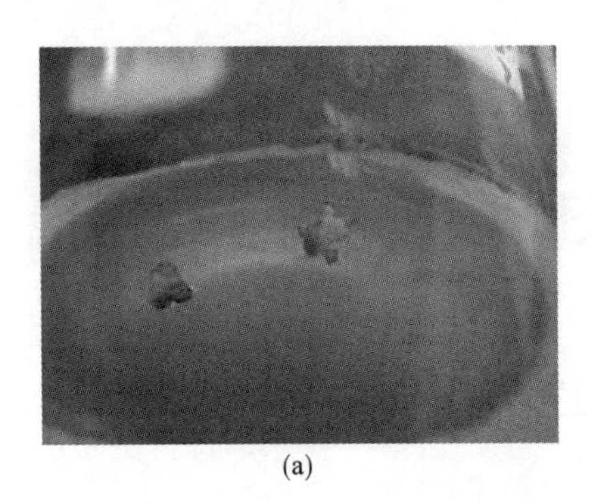
(a)

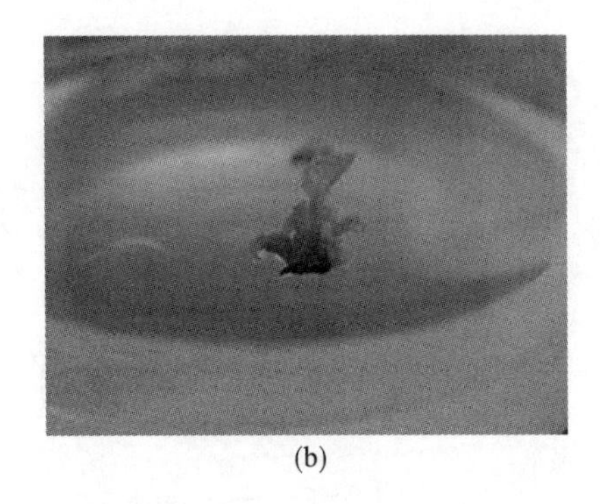
(b)

图 5.13　白簕芽分化 14d(a)、24d(b)

3. 白簕愈伤组织防褐化技术研究

在白簕组培研究中，虽然诱导率较高，但是在继代增殖过程中，会出现严重的褐化现象，使愈伤组织受毒害而死亡。为了保证其正常生长分化，研究抑制白簕外植体在培养过程中产生的褐化十分必要。

1)材料及方法

将初代培养得到的愈伤组织，分割成为体积大小 $1cm^3$ 的愈伤组织团，接种到添加不同浓度的 6-BA(0.2mg/L、0.4mg/L、0.6mg/L、0.8mg/L)和 2,4-D(0.5mg/L、1.0mg/L、1.5mg/L、2.0mg/L)交叉试验的 16 种组合的培养基上。每个处理 10 瓶，每瓶 3～4 个愈伤组织团。分别置于黑暗和光照中培养(光照强度为 1000～1500Lx，时间为 14h/d)。观察统计不同激素组合中愈伤组织的颜色、质地、生长情况和褐变数据。

2)白簕防褐化技术

在白簕愈伤组织继代培养过程中，愈伤组织能在激素组合 2,4-D 1.0mg/L+6-BA 0.8mg/L 的 MS 培养基中生长速度快，状态良好且避免了白簕愈伤组织继代中高褐化的问题，光照和适宜的温度(24℃)有利于诱导和增殖愈伤组织。

第6章　白簕收获贮藏及加工技术

6.1　白簕品种选择及适时采收

6.1.1　白簕最佳引种品种选择

1. 不同白簕种源的品质

1) 材料

选取从不同种源地挖取的野外白簕移栽于试验基地的成活植株。栽种成活的第一年，在植株为1.0m时，去掉顶芽以促进侧芽生长。这样可以使白簕植株枝条分枝发展，呈正三角形，为第二年采集嫩梢做准备。在第一年冬末春初，白簕处于休眠期时，穴施适量腐熟农家肥并盖土，这样可以使嫩梢肥嫩粗壮，品质和产量有所提高。采收时间为春季和初夏的早晨气温低时(有时叶片上还含有露水)。

2) 田间管理

前文对白簕生理生态研究表明，白簕为阴生植物，需要搭建遮阳网，春季萌动前先施底肥，主要是混合肥；以后每采一茬嫩梢后，以施氮肥为主；需要适量的水；基本不需喷施任何农药，因此无农药残留；栽培土壤原为农户菜地，基本没有重金属污染，因此无重金属残留。

3) 测定方法

不同种源地的白簕在相同的气候条件和田间管理下让其自然生长，应用田间实测法，对其新枝条的数量，嫩梢的质量、颜色进行测量；以及对相同种源地的白簕(以南充金城山的白簕为试验材料)在不同的光照强度下，对其嫩梢数量、质量、颜色和肥嫩程度进行测量。

2. 不同种源地白簕嫩梢的品质和产量比较

由表6.1可知，来自不同引种地的白簕，在相同的气候条件和田间管理的情况下，差异显著。南充西山的白簕新枝平均数明显多于其他种源地，南充金城山次之，重庆忠县和峨眉山的最差，因此，得到嫩梢的数量最多的是南充周边的白簕；在植株颜色方面各个种源地的白簕差别不是很明显，都呈现出生长情况良好的态势；在白簕嫩梢的质量方面，无论是第一茬采集的还是第二茬采集的，南充西山的白簕嫩梢的质量最高，而且肥嫩，南充金城山的次之，重庆忠县的与前面两个种源地的相差不多，而峨眉山的与前面的几个种源地的相差太大，嫩梢瘦小，因此，得到嫩梢的品质和质量最好的是南充周边的。

表 6.1　不同种源地白簕的品质和产量比较

不同引种地点	海拔/m	经纬度	母株萌发新枝平均数/个	第一茬采收嫩梢			第二茬采收嫩梢		
				色泽	肥嫩	10 根鲜重/g	色泽	肥嫩	10 根鲜重/g
重庆忠县	360	106°17′E，29°10′N	21	翠绿油亮	+	12.01	翠绿油亮	+	11.21
峨眉山	3099	103°20′E，29°31′N	15	黄绿	−	11.21	黄绿	−	10.11
南充金城山	824	106°17′E，30°52′N	45	翠绿油亮	+	12.54	翠绿油亮	+	11.21
南充西山	480.7	106°08′E，30°52′N	58	翠绿油亮	+	12.89	翠绿油亮	+	12.31

注：土壤条件和管理均一致，肥嫩程度使用符号“+”表示肥嫩，使用“−”表示不肥嫩

3. 最佳白簕引种源地

通过对 4 个不同种源的白簕嫩梢进行对比分析，在移栽白簕时采用本地的最好，因为从外地移栽过来的实生苗要经历一段适应其他气候的过渡期，因此要想获得大量高品质和高质量的白簕嫩梢应该采用研究区域周边的白簕植株。

6.1.2　采收时期

1. 采收时间

古代本草曾有记载“药物采收不知时节，不知阴干暴干，虽有药名，终无药实，不以时采收，与朽木无殊”，这表明我们的祖先早已懂得药材的采收期和质量有重要的关系[197]，再者“三月茵陈四月蒿，五月茵陈当柴烧”的华北地区谚语揭示了茵陈只有三月苗期采收才能作为药材[198]。白簕作为食药同源的植物，采收期直接影响其作为药材的产量、品质和收获速率；同时作为野蔬采收期也直接影响其营养价值和口感。适期收获其产量高、品质好、收获效率也高。只有客观掌握了白簕的生长发育规律等要素，才能做到适时采收。

黄宏健[199]对白簕的采收时期做了研究，其结果表明，白簕叶的食用要适时采收新鲜嫩叶。一般定植 6 个月可小量采收。种植一年后白簕进入盛收期，但种植第一年一般不采收，以压株为主，扩大采收面积，提高产量。由于冬季的气温较低，白簕的生长会受到抑制，因此采收时间以每年的 4 月中旬至 6 月初最佳。

2. 采收原则

白簕的采收应坚持适时、适量、分批采收的原则。适时：新萌发的枝条长短

不一，所采嫩梢的枝条，必须达 30～40cm 才开始采收，没有达到标准的新枝条等待其长成，专摘达到标准的新枝条。适量：采摘嫩芽叶(梢)后，枝条必须保留一定的长度，通常采摘长度约为 5cm，手指很轻易掐断即可，这样可以为下一茬的采收做准备。分批采摘：白簕嫩梢于每年 3 月底开始采摘，每隔 1 个月左右可以采摘 1 茬，一年可以连续采摘 3～4 茬。采摘部位包括：来自去年生长的枝条萌发侧枝的顶端和来自去年生长的基部萌发出来的新芽顶端。从第一茬进行采摘开始，通常 3～5d 长度不等的新枝条开始长长，然后继续采摘，直到第一轮萌发的枝条采摘完成后，第一茬白簕嫩梢采摘结束；第二次采摘是在前一轮采摘过嫩梢的枝条上新萌发起来的腋芽长成的新芽。

6.2 白簕最佳保鲜工艺

对白簕嫩芽、嫩叶的采收最佳时期进行的研究表明，在 4 月中旬至 6 月初采收最佳，但在贮藏的过程中会出现叶子褐变、失水和腐烂的问题，因此研究其保鲜工艺非常必要。

1. 白簕保鲜液保鲜工艺

通过对不同浓度的壳聚糖(食用级)(0.50%、0.75%、1.00%、1.25%、1.5%、2.00%)溶液中分别添加 0.1% $CaCl_2$、0.04% $ZnCl_2$、0.04%山梨酸后，将保鲜液喷洒于白簕嫩芽上，晾干后用保鲜袋包装，在室温条件下贮藏。通过与对照相比得到，以 1.25%壳聚糖+0.1% $CaCl_2$ 的保鲜液效果最佳，可以保持到第 3 天白簕的嫩芽才产生轻度褐色且失重率仅为 3.37%[200]。

2. 白簕抽真空保鲜工艺

将白簕嫩芽采摘后不做任何保鲜处理直接装入塑料袋内抽真空，然后放入冰箱 0～10℃条件中冷藏，可保鲜半个月[201]。

3. 白簕的最佳保鲜工艺[201]

测定保鲜液保鲜和直接抽真空保鲜的白簕嫩芽的维生素 C 含量、总酸含量、还原糖和总糖含量、蛋白质含量，并进行对比，选择白簕的最佳保鲜工艺。

结果表明，保鲜液处理的维生素 C 含量为 0.01%、总酸含量为 0.22%、还原糖含量为 1.18%、总糖含量为 1.50%、蛋白质含量为 0.04%；而直接抽真空处理的维生素含量为 0.02%、总酸含量为 0.58%、还原糖含量为 1.64%、总糖含量为 1.82%、蛋白质含量为 0.04%。因此，直接抽真空处理的白簕嫩芽的营养成分损失较小，而且不经过化学药剂的处理，更加健康生态。另外，抽真空处理所需的成本较低，只需要投入真空包装机便可投入生产，适宜进行推广并应用，保鲜期长，是白簕的最佳保鲜方法。

6.3　白簕加工技术

6.3.1　白簕食用加工技术

1. 白簕的食用加工技术

由于白簕的嫩梢清香、脆嫩，具有特殊的山野风味，佐以野味山鲜做菜，色泽美观，气味鲜香，是一道不可多得的待客佳肴，特别是在当今崇尚绿色无污染纯天然食品的热潮下，白簕更是备受人们的青睐。在旅游业蓬勃发展的今天，白簕作为一道地方特色鲜菜，具有比较高的开发价值。白簕的食用部位为春季初生的嫩梢、嫩叶，经研究，白簕的食用方法主要有以下几种。

(1)凉拌：嫩枝梢或嫩叶用沸水烫过，清水漂洗后捞出沥干水，切段后可加调料凉拌，食之有香气，有黄瓜味，比椿菜更胜一筹。

(2)煮汤：一般煮 2～3min，加入调味品食用，此汤清香，菜碧绿。

(3)炒食：用沸水烫过，清水漂洗后与肉或鸡蛋等同炒，待有香味时起锅。此菜色泽翠绿，清香爽口。

2. 白簕茶的制作工艺[62,202]

将白簕嫩叶直接晒干或者按照一般茶叶的加工方法制作出的白簕茶的青味和苦涩味较重，且茶色呈黑绿色、棕黄色，茶香味淡，口感差，难以达到多数人的饮用要求。针对上述缺陷，岑路荣[62]和李玩庆[202]发明了白簕茶的制作工艺，制作出没有青味、苦涩味且口感清香的白簕茶，其工艺流程为：采摘嫩梢叶 10～15cm→洗净并甩干脱水至含水量为 82%→蒸汽杀青(蒸汽杀青温度为 130～150℃，杀青时间为 3～5min)，杀青后立即摊凉散热→使用揉捻机轻压揉捻 15～25min，挤出部分叶面粘附的水分和叶片本身的汁液和水分→松压重复揉捻 20min 使白簕叶成条状→微波干燥，使用微波干燥机对白簕进行微波迅速干燥处理，处理时间为 2～3min，将其干燥至含水量为 15%～25%→滚炒，将干燥过的呈软状的条状叶经 120℃滚炒弯成卷曲条索，滚炒干燥至含水量≤5%→整形包装，将成条的茶条分开、拉直、造型并包装。

6.3.2　白簕药用加工技术

1. 白簕消炎喷雾剂的研制[27]

黄俊生等[27]分别提取白簕、野菊花、车前草中的黄酮，通过正交试验检测 3

种物质提取物的混合杀菌效果，研制出了具有快速消炎、镇痛、杀菌作用的喷雾剂。其制作配方及工艺为：60mg/ml 的白簕黄酮提取物、60mg/ml 野菊花黄酮提取物、4mg/ml 的车前草黄酮提取物浓缩，去除其中的蒸馏水、乙醇等溶剂，3 种提取物进行混合加入少许的冰片、乙醇即可制作成消炎杀菌喷雾剂，经杀菌效果的检测 30h 杀菌效果较好，有效抑制细菌再生。

2. 中药组合物的添加[65,203]

黄萍等[65]和臧兰恕[203]分别加入白簕枝叶作为治疗小儿湿疹及风湿痹痛的中药组合物，白簕枝叶性苦、辛，微寒，具有清热解毒、活血消肿、除湿敛疮的效果。可治疗感冒发热、咳嗽胸痛、痢疾、风湿痹痛、跌打、骨折、口疮、湿疹及毒虫咬伤。其最佳用量一般为 30～40 份，20～40g，与其他中药组合物按常规工艺制成汤剂，口服。

6.3.3 白簕工业用途

1. 白簕含氟牙膏的制作[28]

黄晓慧等[28]发明并研制出白簕含氟牙膏的配方及制作工艺，通过 9 种不同配比的白簕含氟牙膏，对其进行感官评价，并通过去污能力的检测确定最佳配方。配方为：甘油占 35%，二氧化硅占 20%，白簕提取液占 38.5%，羧甲基纤维素钠(CMC，牙膏级) 占 1.5%，单氟磷酸钠占 0.4%，苯甲酸钠占 0.6%，月桂醇硫酸钠占 2%，香精占 1.4%，糖精占 0.6%，经过牙膏的一般制作流程，由感官评价法得出该配方膏体呈乳白色，细腻，气味清爽具有淡淡的药味，拉丝现象明显，pH 检测呈中性。

2. 白簕醇提物的化妆品[66,204]

张焜等[66,204]发明公开了一种化妆品组合物，该组合物中包括的清热组分中含有白簕的乙醇提取物。其中，白簕乙醇提取物占肤用化妆品总质量的 0.1%～10%，提取方法为：取白簕叶，加 5 倍原料质量的 95%乙醇溶液，浸泡 8～10h，加热回流提取 2 次，3h/次，过滤，合并提取液，滤液减压回收乙醇浓缩成白簕乙醇提取物浸膏。经试验证明，白簕醇提物对紫外线有较好的吸收功效，可作为防晒护肤品的天然添加剂，且白簕的醇提物具有较好的皮肤渗透性，吸收好，能够使皮肤保持水分和弹性，改善肤质，延缓皮肤衰老。

第7章　白簕研究技术推广的运行机制与对策研究

7.1　白簕研究技术的推广模式

7.1.1　白簕的农业技术推广体系

1. 政府主导的农业科技推广体系

新中国成立以来，我国农业科技推广发展主要是以政府为主导的农业科技推广模式。其推广主体是自上而下，由各级政府领导的农业技术推广部门组成，推广经费主要来源于国家财政事业拨款。推广的方式有：按项目推广技术、按技术承包责任制方式推广技术，技术、信息和经营服务相结合的方式，科技示范，农业技术咨询等。随着改革开放的不断深入，农业技术推广工作也进入了新的发展时期，逐步改变了传统的以技术人员经验为主的技术推广模式，全国农业技术推广服务中心成立，同时，全国及地方性的农业技术推广的相关法规及条例颁布使得依靠技术进步促进农业发展有了重要的法律保障[205]。

2. 以高等院校、农业科研为主体的推广模式

随着我国中药行业及农村经济的快速发展，以政府为主导的农业科技推广模式已不能满足市场化发展的需求，这就需要创新中药技术的推广模式。大学是知识、人才和信息的创新源和辐射源，对科技的发展和社会的进步具有巨大的推动作用。通过高等院校、农业科研院所建立比较稳固的推广模式，通过技术的开发与承包、成果的转让、科技示范等一系列活动，把各类科学技术成果转化为实物进入市场，解决理论和关键技术问题。在推广方式上，采取技术有偿转让，直接出售科研产品，如种子、技术方案等。

3. 白簕最佳推广模式

白簕作为药食同源的传统中药，更多的是作为药材来使用。在栽培技术方面，按照传统的中药材栽培其单产量较低，不能满足市场把白簕作为蔬菜食用的需求。因此，对白簕的研究应在国家政策的引导下，通过高校科研人员的指导，使得白簕现代加工技术和高产栽培技术进入农户生产环节，这对农户的生产积极性和经济收入也有一定的提高，但其推广模式和力度还需进一步加强。以西华师范大学

为科研单位，首先应建立起标准化的生产示范基地，再将技术转让给农户，与农户签订合作协议，提供技术支持。邀请科研人员及农业技师对大部分农户进行现场教学指导、技术培训，导向性地使农户对白簕的生产采取相同的标准化模式，即以白簕的食用加工技术、药用加工技术、秋季绿枝扦插和春季硬枝扦插栽培技术为核心，精量栽培、保护性耕作及病虫害综合防治为关键生产环节，并向合作农户推广适合本地区栽培的优质白簕品种及配套相应的栽培技术，实现良种与良法配套推广，从而使得农户有经济增收，提高农户种植白簕的积极性，同时加快推进白簕的产业化进程。

7.1.2 白簕研究技术推广的制约因素研究

1. 农户综合素质不高、对白簕的认识不够、观念滞后

目前，由于农民学历不高，对新事物、新技术的接纳能力相对较差，这使得白簕的栽培技术、新成果在南充市的推广转化效果较差。这些问题主要是因为：一是白簕示范性生产基地尚未建成完善，其技术的推广较为艰难；二是大部分高学历人才不愿进入基层农村推广部门；三是基层农技推广部门缺乏经费，很少对知识进行更新，也很少派出人员进行深造，因此导致农技人员对农业新技术的熟悉程度和操作能力不够。大部分农村劳动力都缺少必需的技能培训，导致多数农户不能、理解和掌握新的科学技术及不能接受新产品，同时，大部分农户的思想还停留在只种植传统作物、小富即安的层面，对白簕的市场需求认识不足，不符合市场经济和经济全球化的需求。

2. 创新力度和创新精神不足

当前对白簕的研究还大多停留在食用加工、药效研究等方面，新产品的研发和专利技术的研发创新成果相对较少，这直接导致市场对白簕的认识不足，科技投入更是严重不足。与发达国家农业科研的投资占农业生产总值2.5%以上水平相比，南充市县乡的农业科研投资远远低于这个水平，加之还未形成该产业的龙头企业，农业生产与教育科研机构合作力度较低，这导致目前以南充县为依托的白簕研究农业技术推广体系不健全，大量创新成果即新品种、新技术、新工艺较少，科技成果转化应用速度不快，科技支撑能力不强，这都是白簕研究技术受限的重要因素[206]。

7.2 加快白簕科研成果转化

1. 科研成果转化，走“以研促产”道路

关于白簕各方面的研究在西华师范大学环境科学学院黎云祥老师、肖娟老师

的主导下已进行了 20 余年，具有一系列的科研成果，如何将这些科研成果转化为生产力具有重要的现实意义。现今的高校普遍存在科研成果与社会生产脱节的现象，缺乏技术转移的途径，高校的科研成果就不能尽快转化为生产力。而技术转移是一个比较系统的过程，从基础理论研究、技术原理的发现、技术开发、工业设计、中试生产到形成产品。经过 20 余年的研究，对白簕的生理生态已经有了较为深入的认识；有效成分的提取也有了科学系统的方法；栽培技术已日趋成熟。接下来重点内容应该是对科研成果的转化，高校与社会合作办高技术产业，形成完整的白簕种植、产品研发、市场推广的产业链。

2. 建立健全以南充市县乡为依托的白簕现代种植技术推广体制

建立以南充市县乡为依托的“政府—高校科研单位—农户合作社”有机结合模式，建立示范性的白簕种植基地。农业种植推广逐渐由政府主导型向以政府为主导、多元化并存的农业推广模式转变，即向现代农业技术推广模式转变。高校及农业科研单位是农业科技创新的中坚力量，也是科技成果的主要供给者，同时也是农业科技推广服务体系中的主要组成部分。高校科研单位具有大量的科技成果，有丰富的信息资源及大量的人才优势，因此高校科研单位是白簕现代农业推广模式体系中的生力军。建立“政府—高校科研单位—农户合作社”模式需要高校科研单位与县乡农业推广服务部门无缝对接。既综合运用高校科研单位的技术开发能力，又发挥农业推广服务部门对市场用户熟知的优势，为科学技术研发和科研成果转化提供有力保障。

3. 加大白簕现代研究技术的宣传力度

面对大多数农民的不愿意、不了解、不感兴趣等现象，研究部门要通过科技示范，科普宣传，使农民了解对其有益的、潜力大的、效益高的农业技术项目，各区、镇、村、组通过有重点地建立科技示范基地，与农户形成科技示范户，切实为农民提供“看得见、摸得着”的学习样板。用事实说话，教育和引导农民从传统的耕种模式与经营方式接纳白簕及其相关技术，通过科技致富。将现代农技推广与农业产业化经营有机结合，逐步形成高产高效优质的农业体系，通过提高农业效益，改变农业弱质产业的形象，并加大农技推广工作的力度，把为农民增收致富作为工作目的。

4. 加强技术培训，努力使农户熟悉并掌握白簕科学研究新技术

优化推广结构，促进技术更新。目前，在川东北丘陵山区进行的农业推广模式还比较陈旧，大都是以农技人员进行技术推广和技术指导为主，鲜有科研企业人员参与其中。因此，为建立完善的现代农业推广体系，推广结果的改善成为必然，这需要政府部门相关人员、农技人员、科研人员和企业技术支持人员的相互

配合，统一思路，将由单一的推广模式更新为自上而下的推广方式，从政策制定、技术研发到技术培训，流水线式地将现代农业推广模式深入农户心中，这不仅有利于现代技术的更新换代，也有利于农户的生产。

5. 开发区域农业特色，促进农民主动创新

南充市地处长江流域，物产相对较丰富，龙头企业也较多，大多都以多元化、多角度发展作为目标，忽视了区域特色，各级政府应掌握各地农业特色，大力支持其发展优势，避免盲目跟风，错失发展良机。同时，政府部门应鼓励农户进行农业科技创新，通过区域农业特色的发展，引导农户进行特色产业的挖掘，通过示范效应提升他们的创新意识。

参 考 文 献

[1]李文瑞, 李秩贵. 中药别名辞典[M]. 北京: 中国科学技术出版社, 1994: 526.

[2]国家中医药管理局《中华本草》编委员. 中华本草[M]. 上海: 上海科学技术出版社, 1999: 776.

[3]全国中草药汇编编写组. 全国中草药汇编(上册)[M]. 北京: 人民卫生出版社, 1976: 29-30.

[4]吴其濬. 植物名实图考校释[M]. 张瑞贤, 等, 校注. 北京: 中医古籍出版社, 2007: 340, 560.

[5]金李峰. 五加皮与其混淆品的鉴别[J]. 中医药临床杂志, 2012, 24(10): 1012-1013.

[6]顾观光. 神农本草经[M]. 兰州: 兰州大学出版社, 2001: 110.

[7]鞠康, 刘耀武. 五加皮的本草学研究[J]. 齐齐哈尔医学院学报, 2014, 35(23): 3524-3525.

[8]李愚. 关于韩国五加皮属植物分布研究[J]. 汉城: 生药学会志, 1979, 10(3): 103-107.

[9]李承炫, 李兴广. 中韩五加皮植物历代文献整理[J]. 中华医药杂志, 2004.

[10]俞孝通编著; 郭洪耀, 李志庸校注. 乡药集成方[M]. 北京: 中国中医药出版社, 1997: 865.

[11]许浚. 东医宝鉴[M]. 北京: 中国中医药出版社, 1996: 914.

[12]刘向前, 陆昌洙, 张承烨. 细柱五加皮化学成分的研究[J]. 中草药, 2004, 35(3): 250-252.

[13]中国科学院中国植物志编辑委员会. 中国植物志[M]. 北京: 科学出版社, 1978: 112-113.

[14]汪毅. 中国苗族药物彩色图集[M]. 贵阳: 贵州科技出版社, 2001: 396.

[15]梁明标, 吴青, 孙远明. 保健野蔬——簕菜[J]. 蔬菜, 2005, (1): 38.

[16]Ty Ph D, Lischewski M, Phiet H V, et al. Two triterpenoid carboxylic acids from *Acanthopanax trifoliatus*[J]. Phytochemistry, 1984, 23(12): 2889-2891.

[17]Lischewski M, Ty Ph D, Kutschabsky L, et al. Two 24-nor-triterpenoid carboxylic acids from *Acanthopanax trifoliatus*[J]. Phytochemistry, 1985, 24(10): 2355-2357.

[18]Yook C S, Kim I H, Hahn D R, et al. A Lupane-Triterpene Glycoside from leaves two *Acanthopanax*[J]. Phytochemistry, 1998, 49(3): 839-843.

[19]纳智. 白簕叶挥发油的化学成分[J]. 广西植物, 2005, 25(3): 261-263.

[20]蔡凌云, 黎云祥, 陈蕉. 白簕根皮总黄酮提取工艺研究[J]. 食品科学, 2009, 30(4): 44-47.

[21]蔡凌云, 黎云祥, 陈蕉, 等. 白簕多糖的提取工艺和含量比较[J]. 光谱实验室, 2009, 26(2): 251-257.

[22]高侠, 黎云祥, 蔡凌云. 白簕叶总皂苷提取工艺和含量测定研究[J]. 光谱实验室, 2009, 26(4): 814-821.

[23]王勤. 美味野蔬——白簕[J]. 特种经济动植物, 2003, (11): 35.

[24]张秋燕, 张福平. 野生保健蔬菜——白簕[J]. 食品研究与开发, 2003, 24(3): 66-67.

[25]林伟君, 孙彩云, 林春华, 等. 白簕的组培快繁技术[J]. 中国蔬菜, 2011, (13): 47-48.

[26]刘岱纯, 黄俊生, 束明华, 等. 白簕透明香皂的制备工艺[J]. 江西化工, 2007, (2): 80-81.

[27]黄俊生, 郑德和, 黄晓慧, 等. 白簕消炎喷雾剂的研制[J]. 安徽农业科学, 2008, 36(32): 14155-14156.

[28]黄晓慧, 黄俊生, 束明华, 等. 白簕含氟牙膏的制作[J]. 韩山师范学院学报(自然科学版), 2007, 28(3): 74-76.

[29]Sithisarn P, Muensaen S, Jarikasem S. Determination of caffeoyl quinic acids and flavonoids in *Acanthopanax trifoliatus* leaves by HPLC[J]. Natural Product Communications, 2011, 6(9): 1289-1291.

[30]Zhang X D. Studies on the active constituents from leaves of *Acanthopanax henryi* (Oliv.) Harms[D]. Korea: Chung-Ang University, 2013.

[31]Kiem P V, Minh C V, Dat N T, et al. Two new phenylpropanoid glycosides from the stem bark of *Acanthopanax trifoliatus*[J]. Archives of Pharmacal Research, 2003, 26: 1014-1017.

[32]蔡凌云, 黎云祥, 陈蕉, 等. 白簕总黄酮提取工艺的研究和含量比较[J]. 中成药, 2009, 31(2): 308-310.

[33]李芝, 邹亲朋, 李小军, 等. 糙叶五加叶化学成分研究[J]. 湖南中医药大学学报, 2014, (3): 24-27.

[34]刘基柱, 严寒静, 房志坚. 白簕叶中挥发油成分分析[J]. 河南中医, 2009, (5): 505-506.

[35]Ty Ph D, Lischewski M, Phiet H V, et al. 3α, 11α-Dihydroxy-23-oxo-lup-20(29)-en-28-oic a-cid from *Acanthopanax trifoliatus*[J]. Phytochemistry, 1985, 24(4): 867-869.

[36]Park S Y, Chang S Y, Oh O J, et al. Nor-oleanene type triterpene glycosides from the leaves of *Acanthopanax japonicus*[J]. Phytochemistry, 2002, 59(4): 379-384.

[37]Park S Y. Studies on RAPD analysis and triterpenoidal constituents of *Acanthopanax species*[A]. Doctor Degree Thesis of Kumanoto Univerisyt[D]. Kumamoto: Kumanoto University, 2002.

[38]Liu X Q. Studies on the active constituents of *Acanthopanax gracilistrylus* W.W. Smith[A]. Doctor Degree Thesis of KyungHee University[D]. Korea: KyungHee University, 2003.

[39]Yook C S, Liu X Q, Chang S Y, et al. Lupane triterpene glycosides from the leave-s of *Acanthopanax gracilistylus*[J]. Chem Pharm Bull, 2002, 50(10): 1383-1385.

[40]Miyakoshi M, Isoda S, Sato H, et al. 3α-hydroxy-oleanene type triterpene glycosyl esters from leaves of *Acanthopanax spinosus*[J]. Phytochemistry, 1997, 46(7): 1255-1259.

[41]杜江, 高林. 白簕叶的化学成分研究[J]. 中国中药杂志, 1992, (6): 356-358.

[42]Miyakoshi M, Ida Y, Shoji J. 3-Epi-oleanane-type triterpene glycosyl esters from leaves of *Acanthopanax spinosus*[J]. Phytochemistry, 1993, 33(3): 891-895.

[43]Liu X Q, Chang S Y, Park S Y, et al. Studies on the constituents of the stem barks of *Acanthopanax gracilistrylus*[J]. Natural Product Sciences, 2002, 8(1): 23-25.

[44]刘伟国, 徐恒卫, 吴素芹. 红毛五加多糖的药理作用研究进展[J]. 山东中医药大学学报, 2004, 28(1): 71-79.

[45]张晶, 刘芳芳, 陈彦池, 等. 刺五加化学成分及药理学研究进展[J]. 中国野生植物资源, 2008, 27(2): 6-10.

[46]赵余庆, 柳江华, 赵光燃. 刺五加中脂肪酸类和酯类成分的分离与鉴定[J]. 中医药学报, 1989, (3): 55-56.

[47]卫平. 短柄五加茎中氨基酸和金属元素分析[J]. 中药材, 1998, 11(6): 37.

[48]杨慧文, 张旭红, 梁嘉君, 等. 白簕叶黄酮的提取纯化及其抗炎作用初探[J]. 食品工业科技, 2014, 35(8): 295-298.

[49]Abdul H R, Hui K T, Fezah O. Anti-inflammatory and anti-hyperalgesic activities of *Acanthopanax trifoliatus* (L) Merr leaves[J]. Pharmacognosy Research, 2013, 5(2): 129-133.

[50]肖杭, 黎云祥, 蔡凌云, 等. 白簕叶总黄酮的提取和纯化及其抑菌试验初探[J]. 光谱实验室, 2010, 27(6): 2130-2134.

[51]Park S Y, Chang S Y, Yook C S, et al. Triterpene glycosides from *Acanthopanax senticosus* for mainermis[J]. Natural Medicines, 2000, 54(1): 43.

[52]Sithisarn P, Rojsanga P, Jarikasem S, et al. Ameliorative effects of *Acanthopanax trifoliatus* on cognitive and emotional deficits in olfactory bulbectomized mice: an animal model of depression and cognitive deficits[J]. Evidence-Based Complementary and Alternative Medicine, 2013, (1): 701956.

[53]Li D, Du Z, Li C, et al. Potent inhibitory effect of terpenoids from *Acanthopanax trifoliatus* on growth of PC-3 prostate cancer cells *in vitro* and *in vivo* is associated with suppression of NF-κB and STAT3 signalling[J]. Journal of Functional Foods, 2015, 15: 274-283.

[54]林春华, 乔燕春, 谭雪, 等. 野生蔬菜白簕的安全性评价[J]. 广东农业科学, 2014, 41(8): 47-51.

[55]肖杭, 黎云祥, 蔡凌云. 白簕叶总黄酮的体外抗氧化活性研究[J]. 西华师范大学学报(自然科学版), 2011, 32(2): 156-160.

[56]胡艳, 肖娟, 廖咏梅, 等. 光照强度对白簕生长和生理特征的影响[J]. 西华师范大学学报(自然科学版), 2013, 34(1): 56-61.

[57]袁远爽, 胡艳, 黎云祥, 等. 模拟酸雨对白簕幼苗生长和生理特性的影响[J]. 四川农业大学学报, 2014, 32(1): 28-33.

[58]王箫, 黎云祥, 邹利娟, 等. 白簕愈伤组织的诱导及褐化的防治[J]. 西华师范大学学报(自然科学版), 2008, 29(3): 263-268.

[59]肖娟, 黎云祥, 蒋雪梅. 白簕的春季硬枝扦插技术研究[J]. 安徽农业科学, 2009, 37(5): 2024-2026.

[60]肖娟. 不同生境白簕种子形态、品质特征和种子萌发特性的研究[J]. 中药材, 2014, 37(5): 731-736.

[61]肖肖, 王小平, 黎云祥, 等. 药食两用白簕的成分鉴定和栽培技术研究进展[J]. 安徽农业科学, 2015, (27): 79-81.

[62]岑路荣. 一种簕菜茶的制作方法: CN103027152 A[P]. 2013.

[63]李雪壮. Lecai tea making process: CN20071028289[P]. 2007.

[64]陆建益. 一种可调血糖和血脂的保健保鲜面包及其制作方法: CN104273189A[P]. 2015.

[65]黄萍, 吴君, 柳璐. 中药纤体组方对营养性肥胖大鼠减肥降脂作用的研究[J]. 中药材, 2012, 35(4): 623-625.

[66]张焜, 胡瑞连, 王华倩, 等. 一种簕菜提取物及其制备方法和应用: CN102920759A[P]. 2013.

[67]戴秀珍. 含 chiisanogenin 和 chiisanoside 活性物质的五加属植物资源的化学筛选[D]. 长沙: 中南大学硕士学位论文, 2011.

[68]陈柳蓉, 毛节锜. 五加属五加组植物的数量分类研究[J]. 浙江大学学报(农业与生命科学版), 1997, (5): 570-572.

[69]倪娜, 刘向前. 五加科五加属植物的研究进展[J]. 中草药, 2006, 37(12): 1895-1900.

[70]李佳莲, 刘素纯, 卜晓英. 白簕营养器官的形态解剖学研究[C]//湖南省研究生创新论坛—农业生产与食品安全分论坛. 2009.

[71]谢霞, 刘向前. 五加属植物多糖的研究进展[C]// 中国中药商品学术大会暨中药葛根国际产业发展研讨会. 2012.

[72]林春华, 李兆龙, 乔燕春, 等. SRAP 分子标记分析体系的建立及白簕资源亲缘关系分析[J]. 基因组学与应用生

物学, 2012, (5): 498-504.

[73]Dafni A. Pollination ecology: a practical approach[M]. IRL Press Ltd., 1992: 165-198.

[74]Herrera J. Flowering and fruiting phenology in the coastal shrublands of Doñana, south Spain[J]. Vegetatio, 1986, 68(2): 91-98.

[75]王艺, 韦小丽. 不同光照对植物生长、生理生化和形态结构影响的研究进展[J]. 山地农业生物学报, 2010, 29(4): 353-359.

[76]范燕萍, 余让才, 郭志华. 遮荫对匙叶天南星生长及光合特性的影响[J]. 园艺学报, 1998, 25(3): 270-274.

[77]赵威, 王征宏, 侯小改, 等. 不同遮荫条件下牡丹的补偿性生长特性研究[J]. 北方园艺, 2009, (2): 190-193.

[78]胡万良, 谭学仁, 孔祥文, 等. 遮荫对刺龙牙生长及光合特性的影响[J]. 东北林业大学学报, 2008, 36(1): 23-25.

[79]杨梅娇. 不同光照强度对一年生油樟苗生长的影响[J]. 浙江林业科技, 2006, 1(21): 69-72.

[80]杨志民, 陈煜, 韩烈保, 等. 不同光照强度对高羊茅形态和生理指标的影响[J]. 草业学报, 2007, 16(6): 23-29.

[81]潘远智, 江明艳. 遮荫对盆栽一品红光合特性及生长的影响[J]. 园艺学报, 2006, 31(1): 95-100.

[82]周兴元, 曹福亮. 遮荫对假俭草抗氧化酶系统及光合作用的影响[J]. 南京林业大学学报, 2006, 30(3): 32-36.

[83]林植芳, 李双顺. 采后荔枝果实中氧化和过氧化作用的变化[J]. 植物学报, 1988, 30(4): 382-387.

[84]Mishra N P, Fatma F, Singhal G S. Development of antioxidative defense systems of wheat seeding in reponse to high light[J]. Physiology Plantarum, 1995, 95: 77-82.

[85]Logan B A, Grace S C, Adams W W, et al. Seasonal defferences in xanthophylls cycle characteristics and antioxidants in *Mahonia repens* growing in different light environments[J]. Oecologia, 1998, 116: 9-17.

[86]Bates L S, Waldren R D, Teare I D. Rapid determination of free proline for water stress studies[J]. Plant Soil, 1973, 39: 205-207.

[87]李合生. 植物生理生化实验原理和技术[M]. 北京: 高等教育出版社, 2000: 260-261.

[88]周祖富, 黎兆安. 植物生理学实验指导[M]. 南宁: 广西大学出版社, 2005: 86-87.

[89]Bradford M M. A rapid and sensitive method for the quantitation of microgram quantities of protein utilizing the principle of protein-dye binding[J]. Analytical Biochemistry, 1976, 72: 248-254.

[90]Stewart R C, Bewley J D. Lipid peroxidation associated with accelerated aging of soybean axes[J]. Plant Physiol, 1980, 65: 245-248.

[91]Chance B, Maehly A C. Assay of catalases and peroxidases[J]. Methods in Enzymol, 1955, 2: 746-755.

[92]方芳, 郭水良. 不同环境条件下 *Veronica* 两种外来杂草叶片游离脯氨酸含量变化及其生物学意义[J]. 浙江师大学报(自然科学版), 2000, (5): 190-192.

[93]隋益虎, 张子学, 陶宏志. 不同温度对几个干椒品种(系)某些生理生化指标的影响[J]. 植物生理学通讯, 2004, (12): 693-695.

[94]徐兴友, 王子华, 张风娟, 等. 干旱胁迫对 6 种野生耐旱花卉幼苗根系保护酶活性及脂质过氧化作用的影响[J]. 林业科学, 2008, 44(2): 45.

[95]曲复宁, 王云山, 张敏, 等. 高温胁迫对仙客来根系活力和叶片生化指标的影响[J]. 华北农学报, 2002, 17(1): 127-131.

[96]金兰, 丁莉. 盐胁迫下星星草种子萌发过程中淀粉酶活性及可溶性糖含量变化[J]. 青海师范大学学报(自然科

学版), 2003, (1): 86-87, 90.

[97]Knox J P, Dodge A D. Single oxygen and plants[J]. Phytochemisty, 1985, 24: 889-896.

[98]Prased T K, Anderson M D, Martin B A, et al. Evidence for chilling-induced oxidative stress in maize seeding and a regulatory role for hydrogen peroxide[J]. Plant Cell, 1994, 6: 65-74.

[99]Salin M L. Toxic oxygen species and protective systems of the chloroplast[J]. Physiologia Plantarum, 1988, 72: 681-689.

[100]Walker M A, Mckersise B D. Role of the ascorbate-glutathione antioxidant system in chilling resistance of tomato[J]. Journal of Plant Physiology, 1993, 141: 234-239.

[101]潘小燕, 宁伟, 葛晓光. 遮荫对长白楤木叶绿素含量和生物量的影响[J]. 安徽农业科学, 2007, 35(7): 1915-1917.

[102]耿星亮, 陈雅君, 付景嵘. 不同遮荫处理对铁线蕨生长状况的影响[J]. 黑龙江生态工程职业学院学报, 2007, 20(3): 25-27.

[103]刘悦秋, 孙向阳, 王勇, 等. 遮荫对异株荨麻光合特性和荧光参数的影响[J]. 生态学报, 2007, 27(8): 3457-3464.

[104]Jiang Y W, Duncan R R, Carrow R N. Assenssment of low light tolerance of seashore *Paspalum* and *Bermuda* grass[J]. Crop Science, 2004, 44(2): 587-594.

[105]Hashemi-Dexfouli A, Herbert S J. Intensifying plant density response of corn with artificial shade[J]. Agronomy Journal, 1992, 84(4): 547-551.

[106]郭孝武. 一种提取中草药化学成分的方法——超声提取法[J]. 天然产物研究与开发, 1998, 11(3): 37.

[107]鲁美娟, 江洪, 李巍, 等. 模拟酸雨对刨花楠幼苗生长和光合生理的影响[J]. 生态学报, 2009, 29(11): 5986-5994.

[108]袁远爽, 肖娟, 胡艳. 模拟酸雨对白簕叶片抗氧化酶活性及叶绿素荧光参数的影响[J]. 植物生理学报, 2014, (6): 758-764.

[109]许长成, 邹琦, 程炳嵩. 硫代巴比妥酸(TBA)法检测脂质过氧化水平的探讨[J]. 植物生理学报, 1989, (6): 58-60.

[110]Arnon D I, Whatley F R. Factors influencing oxygen production by illuminated chloroplast fragments[J]. Archives of Biochemistry, 1949, 23(1): 141-156.

[111]沈文飚, 肖丽, 狄洌, 等. 水杨酸对 NBT 光氧化还原法测定植物 SOD 活性的干扰[J]. 植物生理学报, 1999, 35(2): 133-134.

[112]李忠光, 龚明. 愈创木酚法测定植物过氧化物酶活性的改进[J]. 植物生理学报, 2008, 44(2): 323-324.

[113]Nakano Y, Asada K. Hydrogen peroxide is scavenged by ascorbate-specific peroxidase in spinach chloroplasts[J]. Plant & Cell Physiology, 1980, 22(5): 867-880.

[114]齐泽民, 钟章成. 模拟酸雨对杜仲光合生理及生长的影响[J]. 西南师范大学学报(自然科学版), 2006, 31(2): 151-156.

[115]侯维, 潘远智. 酸雨对勋章菊保护酶活性及叶绿素荧光参数的影响[J]. 核农学报, 2013, 27(7): 1054-1059.

[116]殷秀敏, 伊力塔, 余树全, 等. 酸雨胁迫对木荷叶片气体交换和叶绿素荧光参数的影响[J]. 生态环境学报,

2010, 19(7): 1556-1562.

[117]李佳, 江洪, 余树全, 等. 模拟酸雨胁迫对青冈幼苗光合特性和叶绿素荧光参数的影响[J]. 应用生态学报, 2009, 20(9): 2092-2096.

[118]潘野, 王晓峰, 林丽, 等. 发根农杆菌诱导植物毛状根形成的研究进展[J]. 辽宁农业科学, 2007, (5): 31-33.

[119]邵明成, 王大鹏. 发根农杆菌诱导产生发状根及其在植物科学领域中的应用[J]. 黑龙江农业科学, 2015, (3): 146-150.

[120]刘金荣, 赵文斌, 王航宇, 等. 超声提取快速鉴定黄酮类化合物[J]. 华西药学杂志, 2002, 17(2): 141-143.

[121]李庆勇, 付玉杰. 超声波法提取刺五加(*Acanthopanax senticosus*)中丁香甙的研究[J]. 植物研究, 2003, 23(2): 182-184.

[122]郭明全, 宋凤瑞. 超声提取——分光光度法测定刺五加叶中总皂苷含量[J]. 分析化学, 2002, 23(2): 182-184.

[123]杨庆隆, 许顺荣. 浅谈酶在中药制剂中的应用[J]. 中成药, 1995, 17(6): 4.

[124]沈爱英, 谷文英. 复合酶法提取姬松茸子实体多糖的研究[J]. 食用菌, 2001, 23(3): 7.

[125]冯年平, 郁威. 中药提取分离技术原理与应用[M]. 北京: 中国医药科技出版社, 2004: 90-107, 109, 177-183.

[126]张梦军, 金建锋, 李伯玉, 等. 微波辅助提取甘草黄酮的研究[J]. 中成药, 2002, 24(s): 334.

[127]Suomi J. Extraction of iridoid glycosides and the irdetermination by micellar electrokineticcapillary chromatography[J]. Chromatogra, 2000, 868: 73.

[128]Fishman M L. Characterization of pectin, flash-extraction from orange albedo by microwave heating, under pressure[J]. Carbohydrate Res, 2000, 323(4): 126-138.

[129]刘传斌, 王威, 白风武, 等. 高山红景天愈伤组织中红景天苷的微波破细胞提取[J]. 过程工程学报, 2001, 1(3): 324-327.

[130]段蕊, 王蓓, 时海峡. 微波法提取银杏叶黄酮最佳工艺的研究[J]. 淮海工学院学报, 2001, 10(3): 46-48.

[131]刘依, 韩鲁佳. 微波技术在板蓝根多糖提取中的应用[J]. 中国农业大学学报, 2002, 7(2): 27-30.

[132]赵二劳, 韩永花, 张海容. 微波辅助萃取沙棘叶多糖的研究[J]. 江西师范大学学报(自然科学版), 2005, 29(3): 207-209.

[133]刘圆, 孟庆艳, 彭镰心, 等. 川产藏药材不同产地红毛五加多糖的比较[J]. 中草药, 2007, 38(2): 283-284.

[134]李敏杰, 邓启刚, 安东正义. 中药有效成分分离纯化工艺概述[J]. 齐齐哈尔大学学报(自然科学版), 2006, 22(2): 7-10.

[135]王冬梅, 尉芹, 马希汉. 大孔吸附树脂在药用植物有效成分分离中的应用[J]. 西北林学院学报, 2002, 17(1): 60-63.

[136]马振山. 大孔吸附树脂在药学研究领域中的应用[J]. 中成药, 1997, 19(12): 40-41.

[137]励娜, 杨荣平, 张小梅, 等. 大孔树脂分离山楂总黄酮工艺优化[J]. 中国中药杂志, 2007, 32(13): 1352-1355.

[138]高秋端, 郭玲香, 李新松. 聚酰胺-胺树枝状高分子的柱色谱提纯研究[J]. 化学研究, 2007, 18(4): 41-44.

[139]叶祥喜. 高效液相色谱手性流动相添加剂法拆分手性对映体[D]. 上海: 东华大学硕士学位论文, 2014.

[140]冯年平. 膜分离技术在中药研究中的应用[J]. 中成药, 1996, 18(2): 47.

[141]黄瑞松. 中草药多糖含量测定方法概述[J]. 中国药师, 2005, 8(1): 68-70.

[142]陈嘉, 黄雅杰, 张琦, 等. 不同产地雪莲花中多糖的含量测定[J]. 华西药学杂志, 2006, 21(3): 268-269.

[143]严赞开. 紫外分光光度法测定植物黄酮含量的方法[J]. 食品研究与开发, 2007, 28(9): 164-167.

[144]王忠壮, 郑汉臣. 8 种楤木属药用植物化学成分分析[J]. 中国中药杂志, 1994, (1): 6-8.

[145]陈貌连, 宋凤瑞, 郭明全, 等. 刺五加叶中黄酮类化合物的分析[J]. 分析化学, 2002, 30(6): 690-694.

[146]张伟兰, 冯胜, 刘向前, 等. RP-HPLC 法测定糙叶五加不同部位中五加酸和贝壳烯酸含量[J]. 中国食品工业, 2010, (11): 76-78.

[147]倪娜, 刘向前, 张晓丹. 8 种五加属植物根皮中五加酸和贝壳烯酸的 RP-HPLC 法定量分析[J]. 中南大学学报(自然科学版), 2009, 40(5): 1216-1221.

[148]Matsumoto K, Kasai R, Kanamaru F, et al. 3,4-seco-Lupane-type triterpenen glycosi-de esters from leaves of *Acanthopanax divaricatus* Seem[J]. Chem Pharm Bull, 1987, 35(1): 413-415.

[149]Park S Y, Chang S Y, Yook C S, et al. New 3,4-*seco*-lupane-type triterpene glycosides from *Acanthopanax senticosus* forma inermis[J]. Journal of Natural Products, 2000, 63(12): 1630-1633.

[150]Oh O J, Chang S Y, Yook C S, et al. Two 3,4-*seco*-lupane triterpenes from leaves of *A. divaricatus* var. *albeo frutus*[J]. Chemical & Pharmaceutical Bulletin, 2000, 48(6): 879-881.

[151]黄河胜, 马传庚, 陈志武. 黄酮类化合物药理作用研究进展[J]. 中国中药杂志, 2000, 25(10): 589-592.

[152]张鞍灵, 高锦明, 王姝清. 黄酮类化合物的分布及开发利用[J]. 西北林学院学报, 2000, 15(01): 69-74.

[153]杨彩霞, 田春莲, 耿健, 等. 黄酮类化合物抗菌作用及机制的研究进展[J]. 中国畜牧兽医, 2014, 41(09): 158-162.

[154]杨楠, 贾晓斌, 张振海, 等. 黄酮类化合物抗肿瘤活性及机制研究进展[J]. 中国中药杂志, 2015, 40(03): 373-381.

[155]蔡凌云, 黎云祥, 权秋梅. 白簕叶总黄酮提取工艺和含量测定研究[J]. 中药材, 2008, 31(10): 1575-1577.

[156]蔡凌云, 黎云祥, 石凤湘, 等. 白簕叶总黄酮的聚酰胺树脂纯化工艺[J]. 时珍国医国药, 2011, 22(4): 926-929.

[157]蔡凌云, 肖娟, 韩素菊, 等. 白簕叶中黄酮成分的鉴定和含量测定[J]. 绵阳师范学院学报, 2010, 29(11): 78-80.

[158]肖杭, 黎云祥, 蔡凌云, 等. 超声辅助法提取白簕茎皮总黄酮的工艺研究[J]. 光谱实验室, 2010, 27(1): 197-201.

[159]蔡雄, 刘中秋, 王培训, 等. 大孔吸附树脂富集纯化人参总皂苷工艺[J]. 中成药, 2001, 23(9): 631-634.

[160]李先. 三七花皂苷的化学成分研究[D]. 长春: 吉林大学硕士学位论文, 2009.

[161]Hoagland R E, Zablotowicz R M, Oleszek W. Effects of alfalfa saponins on *in vitro* physiological activity of soil and rhizosphere bacteria[J]. Journal of Crop Production, 2001, 4(2): 349-361.

[162]管敏强, 毛华明, 易礼胜, 等. 生物活性添加剂——皂甙[J]. 中国畜牧水产报, 2001, 12: 21.

[163]刘美正, 郭忠武, 惠永正. 皂甙研究新进展[J]. 天然产物研究与开发, 1999, (2): 81-85.

[164]覃章净, 徐正兰, 苏成瑞, 等. 绞股蓝的抗肿瘤作用[J]. 天然产物研究与开发, 1994, 6(2): 69-74.

[165]陈剑雄, 廖端芳, 唐小卿, 等. 绞股蓝总皂甙对氧自由基所致脑血管痉挛的保护作用[J]. 中草药, 1997, 28(4): 219-221.

[166]徐旭东, 杨峻山, 朱兆仪. 楤木属植物三萜皂甙研究进展[J]. 药学学报, 1997, 32(9): 711-720.

[167]李英和. 甘草属植物化学与药理学研究进展[J]. 天然产物研究与开发, 1995, 7(1): 61-69.

[168]Sharma S C, Kumar R. Zizynummin, a dammarane saponin from *Zizyphus huuunularia*[J]. Phytochem, 1983, 22(6):

1469-1471.

[169]Donald M C, Haralam B. The mucilae of *Opuntia aurantiaca*[J]. Carbohydrate Research, 1987, 94(1): 67-71.

[170]王章存. 大豆皂甙研究进展[J]. 大豆科学, 1996, 15(1): 74-75.

[171]Olada Y, Koyama K, Takahashi K. *Gleditsia saponins*. I. Structure of monoterpene moieties of *Gleditsia saponin* C[J]. Plant Medica, 1980, 40(2): 185-192.

[172]高侠, 黎云祥, 蔡凌云, 等. 超声辅助溶剂法提取白簕叶总皂苷的工艺研究[J]. 食品科学, 2009, 30(12): 69-72.

[173]田庚元, 冯宇澄. 植物多糖的研究进展[J]. 中国中药杂志, 1995, 20(7): 441-444.

[174]方积年. 多糖研究的现状[J]. 药学学报, 1986, (12): 944-950.

[175]方积年, 丁侃. 天然药物——多糖的主要生物活性及分离纯化方法[J]. 中国天然药物, 2007, 5(5): 338-347.

[176]王健, 龚兴国. 多糖的抗肿瘤及免疫调节研究进展[J]. 中国生化药物杂志, 2001, 22(1): 52-54.

[177]周世文, 徐传福. 多糖的免疫药理作用[J]. 中国生化药物杂志, 1994, (2): 143-147.

[178]时潇丽, 姚春霞, 林晓, 等. 多糖药物应用与研究进展[J]. 中国新药杂志, 2014, (9): 1057-1062.

[179]薛丹, 黄豆豆, 黄光辉, 等. 植物多糖提取分离纯化的研究进展[J]. 中药材, 2014, 37(1): 157-161.

[180]杨继祥, 田义新. 药用植物栽培学[M]. 2 版. 北京: 中国农业出版社, 2004: 65-76.

[181]Cai X F, Lee J J, Kim Y H, et al. A new 24-nor-lupane-gly-coside of *Acanthopanax trifoliatus*[J]. Arch Pham Res, 2003, 26(9): 706-708.

[182]田国伟, 刘林德. 刺五加种子结构、后熟作用及其细胞化学研究[J]. 西北植物学报, 1999, 19(1): 7-13.

[183]杨期和, 叶万辉, 宋松泉, 等. 植物种子休眠的原因及休眠的多形性[J]. 西北植物学报, 2003, 23(5): 837-843.

[184]王荣青. 赤霉素浸种处理对茄种子萌发的影响[J]. 上海农业学报, 2001, 17(3): 61.

[185]Springer T L. Allelopathic effects on germination and seeding growth of clovers by endophyte-free and infected tall fecuse Springer[J]. Crop Science, 1996, 36(6): 1639.

[186]唐安军, 龙春林, 刁志灵. 种子休眠机理研究概述[J]. 植物分类与资源学报, 2004, 26(3): 241-251.

[187]赵敏, 王炎, 康莉. 刺五加果实及种子内源萌发抑制物质活性的研究[J]. 中国中药杂志, 2001, 26(8): 534-538.

[188]刘智勇, 贾好, 赵明高, 等. 皂荚刺用林良种无性繁殖技术研究[J]. 中药材, 2016, 39(1): 28-30.

[189]马维广, 刘娥, 姜洪甲. 短梗五加的无性繁殖技术[J]. 吉林蔬菜, 2008, (1): 38.

[190]刘勇. 我国苗木培育理论与技术进展[J]. 世界林业研究, 2000, 13(5): 43-49.

[191]兰彦平, 顾万春. 林木无性繁殖进展[J]. 世界林业研究, 2002, 15(6): 7-12.

[192]Gamborg O L, Phillips G C. Media preparation and handling[J]. Plant Cell, Tissue and Organ Culture, 1995: 21-34.

[193]陈维纶. 我国植物快速繁殖和无毒种苗生产的现状的问题[Z]//敬三, 陈维纶. 植物生物技术改良[M]. 北京: 中国科技出版社, 1991: 123.

[194]陈江. 鸣山大枣离体培养的研究[J]. 甘肃林业科技, 1992, (2): 8-11.

[195]李文安. 经济植物良种快速繁殖与推广[J]. 西北植物学报, 1985, (4): 73-80.

[196]周维燕. 植物细胞工程原理与技术[M]. 北京: 中国农业大学出版社, 2001: 211-218.

[197]李浚明. 植物组织培养教程[M]. 北京: 中国农业大学出版社, 1992.

[198]刘法锦. 中药采收季节的研究概况[J]. 中药材, 1981, (4): 24-25.

[199]王绪前. 三月茵陈四月蒿　五月六月当柴烧[J]. 医药与保健, 2000, (4): 16.

[200]黄宏健. 箣菜栽培技术[J]. 热带林业, 2011, 39(2): 29-30.

[201]高海燕, 张玉廷, 梁文珍, 等. 五加菜保鲜加工优化研究[J]. 辽宁农业职业技术学院学报, 2007, 9(1): 23-24.

[202]黄美娥, 李文芳, 曹红香. 白箣嫩芽保鲜工艺研究[J]. 保鲜与加工, 2006, 6(2): 38-39.

[203]李玩庆. 一种箣菜茶的制作方法: CN100456943C[P]. 2009.

[204]臧兰恕. 一种治疗湿热浸淫型阴囊湿疹的中药组合物: CN104644750A[P]. 2015.

[205]张焜, 杜志云, 李晨悦, 等. 一种含箣菜乙醇提取物的肤用化妆品: CN102961275A[P]. 2013.

[206]兴连娥. 我国农技推广体系建设问题及措施[J]. 农业科技管理, 2005, 24(2): 39-40.

[207]李兆亮, 罗小锋, 张俊飚, 等. 中国农业科研投资结构的时空分异特征及其驱动因素[J]. 经济地理, 2016, (12): 112-118.